觀念一轉彎，業績翻兩番！

吳家德 著

獻給想要在業務領域
做出成就非凡的自己

目錄

第三章 觀察力
培養人際嗅覺，別讓顧客變過客！

第四章 品牌力
你認識誰不重要，重要的是誰認識你！

第五章 企圖心

當業務就是要「成交」，不然要幹嘛！

推薦序

「兩廣總督」創造精彩的良性循環

李長庚　國泰金控總經理

家德是說故事高手，跟他上一本書《成為別人心中的一個咖》一樣，這本書也是引人入勝的故事集，一則一則他與人互動的故事，展現他的業務特質，從一開始的心理建設強化正向思考的業務觀念，紮好基本功，以高目標挑戰自己，不只業績達標，更讓自己躋身領先群，然後如何從點到線到面建構愈來愈寬廣的人脈網絡，當然也成就他傑出的業績，他不放棄每一個可能的機會創造做業務的良性循環。

書中許多故事的主角們也是高手在人間，例如管顧公司老闆Tracy、開計程車的趙大哥、隱身巷弄的理髮店老闆、高鐵列車長Doris、同理客戶的理專Tina等等。從這些故事我們也可以從另一個角度看到台灣在各行各業，每個角落都有業務高手以不同的獨到手法展現做業務的精彩演出，也都是值得效法的。

家德將每天從事業務或是與人互動的紀錄持續整理，每天寫光陰地圖，持續的努力讓寫作變成自己的另一項專長，成為作家，再讓自己的文章和書為他打開知名度，又透過臉書、演講的分享擴大影響力的範圍，讓他廣結善緣。

演講是他認識新朋友的媒介，聰明如他當然知道如何揀擇能夠在業務上有機會往來才是重點。銀行與房仲有很深厚的業務配合關係，當透過演講認識更多房仲朋友時，他的房貸業務就能比其他競爭者捷足先登。例如透過好幾場的演講，認識數百位房仲朋友，也因為熟悉度與信任感，促成買賣案件順利貸款成功。

他從事業務工作，不單只是做業務而已，而是要串起周邊的人脈，做更多非業務關係的「服務」，再打造一種業務的人脈系統。短期看似對業績沒有立即的幫助，長遠來說，卻能倒吃甘蔗。他認為「人脈的終極目的是利他」，因為做了業務，讓他認識更多人，再經由人脈的整合，達成「業績成長」與「幫助別人」的雙重好處。

家德經營人脈的心法是做到對方心坎裡去，在別人沒有意識到的地方運用人脈經營更深的人脈，例如動員既有的醫生人脈幫助李代書、與劉恭甫老師等的互動，可以看出他的用心，先付出，創造互動機會，長期經營。

家德自稱是「兩廣總督」，不是明清時代的官職，而是「廣結善緣」、「廣植福田」的代稱，他把這兩個觀念運用在價格相同的前提下，以價值勝出的業務絕學。他的方法是送VIP客戶一本書，最好是客戶心儀作家的簽名書。因為這個獨特的行銷方法，他立下每年要認識十位作家的心願，讓客戶有機會得到知名作家親筆簽名的書。如今他已累積認識超過百位作家，其中一回因為送書給一位名作家的書迷，透過這位書迷的介紹進而認識了一大群牙醫師，人脈再擴大，業績大進補。

一般業務人員比較在意短期業績，畢竟每個月歸零的壓力要先解決，所以會比較專注經營目標客群，家德經營人脈的觀點稍微不同，書中提到一個業務人員常會忽略、但很重要的關鍵要素，就是：「人脈深耕不是只聚焦在目標客戶，有時候身旁不經意出現的朋友，更是至為關鍵。」因為高敏感度的人際嗅覺，把握每一個建立人脈的契機，讓家德把路人也變成自己的貴人，讓機會主動現身。例如一篇周刊的報導，家德主動去認識同一期被報導人脈經營故事的主角，此舉讓他結識更多的朋友，又因為這些朋友的介紹，讓他得到更多的業績。這是一個善的迴圈，也是具體實踐把路人變貴人的好故事。

另外，業務要做好，時間管理也很重要，看家德又是忙碌的銀行主管或其他行業的高階主管，又要寫作、出書、南北高鐵往返，不僅廣交人脈，還可以跑半馬、做義工等等，這種超高效率時間運用術，也是我們可以跟他學習的。

建議讀者不只是學習家德擴增人脈的「外功招式」，更要把他做業務的「內功心法」融會貫通，加以運用，書中提出的觀念，並不只是在業務領域可以派上用場，而是每一個想要在職場有傑出表現的人也都適用。

推薦序

讓正能量內化為團隊的DNA

林建燁　迷客夏董事長

認識家德，既不與金融相關，也不是從書上而來，有一次公司內訓外聘的講師，就是吳家德，當時他在遠東銀行嘉義分行擔任經理，是二〇一六年台灣百大經理人之一。

家德經理在課堂上分享的主題是「用熱情驅動世界」，坐在第一排的我，除了和年輕同事一起被感染、感動、歡笑、笑中還帶淚。家德用自己親身經歷的幾個小故事串起來的真誠示範，更是將品牌精神發揮得淋漓盡致。當時，他的品牌叫「吳家德」，「吳家德」就是熱情的代名詞。

迷客夏品牌從0到1，邁入第十年的當下，我們都不只一次想過，怎麼讓公司同事仍保有初衷？像創業第一天，從手中遞出的第一杯珍珠紅茶拿鐵那樣？心想，是吧！終於，有人願意從口袋掏出錢來消費。那時的感動，還留在創業者的心中；而我們前線的同事，在每天忙碌的店務之外，還能不能堅持、共同守著初心？

我們應該需要一位能天天上課的老師！讓同事上班時，呼吸的空氣、流動的血液、內化的DNA都能和品牌一起脈動。既然熱情能驅動世界，當老師的更應該當仁不讓！

當家德經理上完課之後，基於禮貌性的回訪，他熱情地問：「除了上課，還有什麼可以幫忙的？」

「一起創業吧！」即便當時的小廟還供不起大佛，那麼未來的世界呢？人在一起叫聚會，心在一起才叫團隊。迷客夏雖不是人聲鼎沸、紛至沓來的名寺古剎，但是在台灣播下良善的種子、帶著台灣年輕人走出去的使命從來不敢或忘。怎麼將每顆心聚在一起，熱情向前，讓團隊的每一個人，自己為自己、也為品牌代言，才能讓火苗燃燒整個宇宙，成為恆久的光芒！

家德，人間的熱情發動機，也是品牌的氧氣供應者，在二〇一七年進公司的第一天、第一個小時開始，我們就已經看見，十年、二十年，甚至更久的未來，家德正能量的DNA會一直都在，一如他的笑容一般。

推薦序

快樂的逆風者

劉克襄　作家

談論的是怎樣業務行銷，表述的是如何經營成功，如此勵志成功的商場書籍，非我所擅長。但作者邀我寫序，必有其深意。

我大膽揣想，故事應該是其中一個非常重要的考量吧。因而我要先回到一個人的特質，回到作者如何面對當代社會的繁複變遷，擷取這本書所要傳遞的精神。當我們展讀這本書，才可能找到貼切的共鳴。

因而在每個章節論述道理時，不論如何分析歸納，家德都會從貼切的故事舉例。隨手拈一故事，從日常生活裡，緩緩拉出線頭。

家德是滿口袋都是故事的人。故事不斷的出去，也不斷進來。你若常跟他碰頭，每隔三四天，他身上就能發生一二個。這些故事好像在地的當令食材。所有書裡提到的觀念、論述和道理，凡是遇到的困難和挑戰，如何轉折，克服逆境和低潮，都是從這裡開始孕育而生。

或許你會困惑，明明都是二十四小時人生，一樣生活在同個社會，為什麼他總是遇到，甚至獲得啟發，而我們卻沒有這等運氣，甚至是福氣。莫非他有什麼魅力，或者敏銳觀察，像算命者的洞悉能力，因而遇見比大家都期待的事物。

老實講，確實有。這種質地，我真的無法清楚說明。直到最近，才略有心得。大抵說來，或許是一個人的某種樂善行為。它是一種化學效應的融合，重點也不一定在最後出現何種結果，而是過程裡，人跟人之間到底會激盪出怎樣的花火。在這種效應裡，家德身上出現了三種不可或缺的元素：熱情、創意和閒功夫。

這裡的熱情，不是做人很阿沙力那種行徑。遇到事情，不論是否突發狀況，家德當下常懷有獨樂不如眾樂的處世風格，以及積極要找到一個較好面對狀況的方法。那不是一種與生俱來的能力，而是經過社會長時洗滌，自然練就出來的。

家德的熱情，確實也是好管閒事的那種。舉個例子，假如前方公園，有一敝衣襤褸的流浪漢突然暈倒，多數人的第一個反應可能是快點離開，或者視而不見。但家德一定毫不遲疑的趨前探看。假如身上有閒錢餘力，你可以想像他會如何幫助這個陌生人。因為有這種熱情，許多人生的奇巧機緣，自是隨時到來。

至於創意，創意不是文青式的故事書寫，而是生活的實質協助。每個階段的人生都會有各種問題和難關，如何找到一個合宜良善的方式，積極面對事情的狀態。乍看簡單，但要在現實的社會落實，真要有相當聰明的本事，站在他人的位置著想。

閒功夫也非整天沒事做，而是他願意犧牲自己的時間，不計較利害成本，欣然進行一件值得完成的工作。那件事，純粹只是做得相當快樂，自己雖沒什麼好處可圖，但別人收穫了，他也得到滿足。

我把家德歸類為社會行動的修行者。高掛公益為工作職場的訓示，藉此念茲在茲。一個人做事的成功裡，應該有種付出，不只是用美好的數據呈現。

或許，對許多想要在職場證明自己能力的人，很適合從家德舉出的故事裡，找到人生充滿各種機會的可能，但我更想提示這種正面的力量。多樣的這種導向會使人更加積極，把自己推到一個勇於逆風的狀態，不會因挫敗而懷憂喪志。

家德一直透過這等進階，不斷惕勵自己，也樂於跟大家分享不同時期的創作。以前如是開朗，這本書愈加樂觀的聊開了。

推薦序

跟著家德轉彎的業務力

謝文憲　知名作家、講師、主持人

在我看來，粉絲就是粉絲，朋友就是朋友，不要混為一談，但家德之於我，始終擺脫不去這兩者的複雜糾纏。

買書五十本

家德好幾次買一堆書要我簽名，我都問：「家德，你買我這麼多書做什麼？」他總是回答：「我有很多客戶喜歡你（其實我都覺得是誇飾），買你的書送給他們，當然要有簽名才有價值啊！」

「喔，喔！」

某次在佛光山南台別院的演講場合，家德再次拿了一堆書給我跟該本書的合著者：王永福（福哥）簽名，福哥問我：「你這粉絲好瘋狂啊！」

我回：「他不是粉絲，是朋友。」

是啊，家德到底是粉絲，還是朋友？

當然兩者皆是，我定義他是：「好朋友般的粉絲，粉絲瘋狂般的好朋友。」你說這很難嗎？

當然很難。

最重要的是：「他不是刻意這麼做的，他的本性就是如此，善良且樂於助人。」你若問我：「這是一種什麼性格？」

「業務性格吧，我身上最偉大的一枚勳章。」

家德身上的這枚業務勳章，就我的觀察是：「沒有目的性，很自然，很為他人著想，先求自己付出，再求回報的業務精神。」

「一定要求回報嗎？」

「當然，要不然業務如何活下去？」

此時家德會回答你：「沒有回報也沒關係，我習慣用熱情驅動世界。」多麼心靈雞湯啊！

是的，家德就是如此善良的人，難怪他做業務會這麼成功！

因為，我也常常收到家德特別轉手送給我的簽名書，上頭帶有蔣勳等家德的好友提筆寫的「To 文憲」，我可以確定：「家德實現的不是業務精神，而是人生態度。」

一下就混熟的社交場合

好幾次我約家德北上錄影、錄音，甚或是僅有三十分鐘的短分享，我都覺得很不好意思，這麼大老遠叫他從台南上來，交通費卻只有一點點，我都不好意思開口，低聲下氣問他，他立馬喬時間，幾分鐘後就爽快答應。

我說：「錄節目，車馬費不多喔。」

家德：「上憲哥的節目，就是最好的車馬費了。」

聽了好窩心啊，但我總是覺得虧欠他。

果不其然，他來了，一下子就跟我的工作人員混很熟，還會跟下一集的來賓哈拉、攀談、合影，跟節目製作遞上名片，這不是業務力，什麼才是業務力？

業務精神不是用說的，它是一種飽滿的生活態度，一種積極的人生觀察。

其實家德的每一本書中都有我的影子（不是序文，就是內文故事），這本也不例外，甚至他是我所有認識的作者朋友中打書最積極的。

或許吧，寫作就是生活，生活就是工作，工作就是人生吧！

誠摯推薦家德的新書，給每一位在業務道路上辛苦耕耘，卻遲遲看不到成功與終點的朋友們，家德已經成功轉彎，來回奪標好幾輪了。

推薦序

要做就做一個有溫度的頂尖業務！

林明樟 希望種子國際企管顧問股份有限公司　總經理

因緣際會在幾次大型公開場合認識家德兄，他是一位在 to C 為主的金融超級業務，我個人則在數十個國家飛行了十多年擔任全球的銷售主管，從事的是 to B 的業務。兩人雖屬不同領域，但銷售的核心道理其實百分之七十都是相通的，這也是為何不同行業的銷售高手走到哪兒一樣是銷售高手。

欣聞家德兄花了大把時間，將他近二十年銷售生涯淬鍊出的智慧，透過本書分享給更多的有緣人。這套哲學不僅適用於業務生涯，也適用於您在職場不同階段的生涯規劃參考。尤其是家德兄的銷售哲學，與我的海外實務經驗有很多不謀而合之處。

不論您是從事B2C或B2B的業務，只要掌握「SALES」這幾個核心觀念，就能讓您華麗轉身成為一名頂尖的業務高手。

「S」：指的是Skill，技巧。也就是您要透過實作過程，不斷積累自己人際溝通、跨部門溝通、商務談判、產品知識等內外兼修的技巧。上述的技巧看起來很嚇人，不是一、兩年就能學會，如果您有這個擔憂，那請您通通忘掉，您只要學一個S的技巧，就是「真誠」（Sincerity），做一個說到做到、誠誠懇懇與客戶對談的人，無論多麼不好相處的客戶，最後您一定能打動他們的心。因為職場中有高達百分之八十不合格的業務，整天高談闊論，舌燦蓮花，但通常只有不到百分之二十的人真正明白銷售道理：透過公司的產品或服務，用心服務好客戶，並在過程中適當的為公司爭取合理利潤。

「A」：指是態度，Attitude，這一點也非常重要，要有「把自己當成公司老闆」的心態，把自己當成一家I-company。公司作業中有太多灰色地帶沒有人管，但只要是對客戶有幫助又沒有明確負責人的時候，您就要有「我來處理」的主動態度。

「L」：代表在有限的資源與時間下（Limited resources and time period），要同時完成公司賦予的業績壓力，以及滿足客戶需求交期下的壓力。等您能夠應付高壓下的工作後，下個階段的L可能就代表Leadership：您怎麼樣領導其他部門，進行跨部門協作，一起幫客戶解決他所面臨的各項需求與困難，又能同時兼顧公司的合理利潤。

「E」：代表是執行力（Execution），再好的想法，沒有執行力都是零分，因為無法創造業績。百分之八十的業務就是欠缺執行力，只動嘴不動手。所以想成為業務高手的您，不要怕弄傷自己的手，去做就對了。做著做著，就培養出自己的業務手感。

「S」：最後順其自然成為一個能夠銷售萬物的Sales高手。

上述五個英文字母合併起來，就成了SALES——您可以從中一窺頂尖業務的智慧。

我個人也非常推薦年輕人，如果有機會，一定要給自己一次「五年的機會」，嘗試當一位好的銷售高手，因為銷售是從無到有、從有到優的進化過程。

更棒的是，一旦自己蛻變成業務高手，日後，即使天塌下來了，您還有一門非您莫屬的存活手藝，無論商業世界如何變遷，都會有屬於自己一片天的舞台，因為任何商業模式都需要頂尖的銷售高手。

所以，業務是一門讓自己與公司存活的雙向藝術（ＡＲＴ）：

Aim Right Target (ART), Take Right Action (TRA).

想要全面掌握這門藝術，我誠心推薦家德兄的這本書：《觀念一轉彎，業績翻兩番！》。

推薦序

有益於人生的業務之道

張敏敏　JW智緯管理顧問有限公司　總經理

作者家德，讀他的文字，如閱讀他的人。誠摯，裡裡外外都一致。家德，在我認識他的歲月中，你完全嗅不出業務氣息。他把業務這件事情，已經完全內化到自己的人生態度，就如同書中第二章節所提，「業務工作已經成為一種價值」，而「幫助他人」的價值觀，讓人脈如同漣漪擴散，客戶自然地幫他介紹客戶，滿櫃的獎盃，有形地彰顯他的業務成就，但無形的獎盃，卻透過客戶朋友的傳遞，好評滿溢著這無形的聖杯。

當然，這樣的業務能力，並非憑空得手。書中提到「同理心」的重要性，進行業務工作，一定先處理顧客心情，了解顧客想法，而非滿腦子都是業績，都是數字。接著再使用「觀察力」，透過和對方的互動，不斷調整自己的對話方式，讓對方願意分享更多。然後，「品牌力」的塑造，讓客戶不但對你有印象，未來，更對你有指定。最後，以「企圖心」，讓業務自然流竄於對話中，從對話中找到業務機會點。畢竟，顧客的痛處，就是商機所在之處。

而這些，在作者的業務之路，一段一段鋪陳而來，透過故事，透過自我的感想與對話，加以人生的體悟，娓娓道來。讓我展開此書時，彷佛看到一位業務老夫子，手持書卷，正搖頭，正晃腦，點點聽講的業務書生。看這本書，彷佛看到知識滿滿的夫子，傳道、授業、解惑也。

書中，我對於業務老鳥的提醒，深有感觸。作者特別提醒業務老鳥，留意油條的心態，注意未來被取代。也的確，在業務的世界中，每到月底，一切歸零。再強大的業務跑者，總是被迫走到終點。不管多風光，沒人保證每月吃糖領獎。壓力下待久了，總是疲倦，家德以過來人的身分提醒，要回到初衷，而這初衷，總在感觸中，讓人讀來，特別觸動。

這本書另一特別之處，就是把業務的管理者角色帶入。坊間許多業務書籍，泰半都是在談業務如何單兵作戰，但是對於業務、管理這兩件事，少有一起著墨。家德以長年帶業務團隊打仗的經驗，透過自身經驗和故事，將業務主管該有的領導特質，一一細數，仔細點出：帶人如何帶心、主管胸襟、承擔壓力。在你我生活的故事中，整理出結論，不說教，但處處充滿信手拈來的技巧。其實，這和業務工作不是一樣嗎？小處、微觀，就是成就可翻兩倍業績的關鍵。

「慈悲是最值錢的獎盃」，這本書，以業務者該有的態度，但從自我觀察，生活體驗出發，不講冠冕堂皇大道理，但卻細緻有條理。因此，如果你是惴惴新手業務，或者淡定資深業務；因此，如果你從事消費產業，或從事企業業務，先從這本書開始，跟著作者的思路走，然後凝聚成一個正確的價值觀和態度。在您數字翻兩番之後，不只賺到業績，也算賺到一個人生觀。

推薦序

找到業務的全新思維

龔建嘉
獸醫師、鮮乳坊創辦人

開始創業後的這幾年，發現「交朋友」的能力實在重要，我並不是一個善於交際的性格，打著「專業人士」的身分，總是在各種活動中比較被動的靜靜參與。

但對於能夠把握機會、主動積極的人是充滿佩服與憧憬的，因為進入職場愈久後愈發現，每一個與人接觸的場合都是緣分，如果把握了，會有很多出乎意料的結果。當然，沒做可能也不會怎麼樣，這是我以往消極的自我安慰方式。

而在這本書中，我感到最痛快的，是把「業務」的包袱通通丟掉了。家德老師用許多生活實例來說明業務的核心能力，真的是讓我覺得撿到寶。主要是因為聽到「業務」通常都會有一種緊張感，但透過這些生活中的小故事，家德老師重新把「業務」定義為「做人處事」的根本基礎。這樣描述吧，從家德老師的故事當中，發現原來業務帶給人溫暖與熱情，是豐盛而快樂的過程。

如果你對於自己的內向、被動也無所適從，如果你對「業務」仍有些防備心，這本書可以讓你有新的思維，在這些令人印象深刻的故事當中，找到自己看待事物的方法。

二〇一五年三月台南佛光山邀請我去做一場演講，還記得那時家德開車來接我，在聊天的過程中，他對工作的熱情讓我印象深刻，沒想到短短幾年間他已出版第三本新書，而且本本暢銷，為他拍拍手。

我常說工作是自己找的，要選擇你最喜歡做的事，才能持續保持熱情，就像家德在書中提到「放棄是一下子，堅持是一輩子」。我今年六十歲，一直都在雜誌業和出版業打拚。到目前為止，我每天起床第一件事依然是先拿Ａ４空白紙，快速掃瞄全球金融市場，並逐一記錄它們的收盤價，包括股、滙、債市及商品行情。近四十年來，始終如一，而且樂此不疲，因為這是我最喜歡做的事。我也勉勵所有年輕朋友，找到工作樂趣，以團隊合作、穩紮穩打的態度把事情做大，你就能找到屬於自己的一片天。

——謝金河 財信傳媒集團董事長

二十八歲那年，我第一次創業，花最多時間就是在銷售自家產品上。第一年，公司在資金有限下，業務就是跟時間賽跑，如業績不佳，就準備關門收攤。當時公司只有五個人，而業務就我一人，每天勤跑客戶，也要勤做功課，不斷修正自己的業務銷售技巧。最終第一年結算，我創造了兩千七百萬的營業額。從此公司不再面臨生死存亡的邊緣，徹底翻轉走出低谷。五年後，公司日益成熟，也成了台灣最大的口碑廣告行銷公司。

這一次我看到家德老師，將他多年的業務銷售實戰經驗，全寫在這一本書中。看完後，我深感「頂尖的業務」技巧，其實有非常多共通之處。而真正的高手，就是將顧客遇到的「痛點」，全部轉化為深入淺出，一聽就懂的「解決」之道。家德老師已在這本書清楚、生動的述說，如何讓你「業績翻兩番」的成功途徑。你只需仔細品讀書中內容，再加以反思活用，相信在刻意練習後，你必能擁有強大業務力，大大翻轉你的人生！

——許景泰 SmartM世紀智庫 執行長

我在「功夫Fighting」廣播節目主持訪談超過百位知名人士，家德兄是第一位我連續兩次力邀訪談的嘉賓，身為金融業與服務業高階經理的他，歷經百戰，故事不斷。已是名人的他，沒有半點架子，待人謙虛，熱心公益。我常說，任何人只要跟家德兄接觸三十秒，一定會被他極具魅力的熱情所吸引。

當我一口氣閱讀完家德兄的最新力作《觀念一轉彎，業績翻兩番！》後，真是欲罷不能，又再看了一次，多次被其豐富的人生故事與觀念所吸引，誰叫我是家德兄的忠實粉絲呢？

這本書只有一種讀者，就是在人生任何角色中想創造口碑的「您」！

——劉恭甫　知名企業創新顧問、廣播主持人與暢銷書作家

在家德身上看見中年轉職美麗的轉身，他是成功的例子。

我自己的廣播節目在小年夜「被」離職，瀟灑揮別後，回家卻傻了一上午，漫無目的地滑著手機。後來才慢慢體會這堂課的意義，原來是個包裝很醜的禮物，能讓我在女兒罹癌時，全心照顧她到痊癒，之後還從廣播跳到電視節目主持。回頭想想，我該感謝被離職，讓我賺到陪伴女兒的時間。

「花若盛開，蝴蝶自來；人若精彩，天自安排。」半點都不由人。人的思維是老天恩賜的最大力量，快打開家德老師送給你的禮物，啟動你的頭腦，它將決定你未來人生的方向。

——楊月娥 資深媒體人

自序

你怎能不愛上業務

寫這本書的動機很單純，想要幫助更多人在「業務」上找到樂趣與成就。有樂趣才會投入，有成就才會恆久。

文章除了對業務人員非常有幫助外，也極度適合想要在職場發光發熱的上班族。雖然「非」業務人員不需要馬上用數字與績效證明自己的價值，但還是要知悉為人處世的「觀念」，讓人生的道路走得更加平穩踏實。

回顧二十多年的職涯，我深刻體會「業務」是我的貴人——是業務讓我加薪升官，是業務讓我人際關係良好，是業務讓我夢想成真，是業務讓我成為更好的自己。你怎能不愛上業務啊！

正因為自己在業務上嚐到了甜頭，本著獨樂樂不如眾樂樂的分享態度，我將業務與管理的相關心得，用故事型態或系統性整理與讀者分享。書中的篇章包含幾個重要的構面，有談如何「銷售」的步驟，有聊如何「服務」的祕笈，有教如何經營「人脈」的做法，也有分享如何「領導」的心法。簡言之，這是一本不藏私的職場寶典。

我曾經在臉書這樣介紹自己：

在金融業，沒有銅臭味；在群體中，保有人情味。相信付出才會傑出；認同關懷使人開懷，所以熱情是活出自信的武器。喜歡做業務，更喜歡做業務帶來的成就感；喜歡幫助別人，更喜歡助人帶來的幸福感。身分是主管也是作家，最想當的是慈善家。因為知道生活是一場熱情的遊戲，所以認真且充實的過好每一天。

認識我的朋友會知道上述的簡介有一個地方需要修正，就是我已經離開待了將近二十年的金融業，轉進手搖飲料業。剛到迷客夏初期，甚至到了現在，還是有很多朋友、同事，不管熟的不熟的，對於我的轉職頗感好奇，紛紛問我怎麼會有這個重大的改變。我想藉由這篇自序，告訴大家個中的心路歷程。

「我想要挑戰自己，成為更好的自己。」是我離開熟悉已久，業績掛帥的金融業最大主因。在揮別銀行的工作之前，我已經擔任快十年的分行經理職位。因為居住在故鄉台南的緣故，我沒有北上淘金，雖然邀約機會不斷，還是一直留在南部打拚，在台南工作的時光最久，也曾調任高雄及嘉義各三年餘，但都是通車來回。

待過銀行業的人都知道，因為銀行的總部幾乎都是在台北，所以「分行經理」這個職位，在中南部應該算是到頂了，了不起再加掛區域主管的職銜就是極限。很多金融從業人員即使擁有三、四十年的年資，可能都沒有機會當上分行經理。而我，卻只花了八年多就坐上這個位置，除了有幸運之神眷顧，當然也要很努力，更重要的是，因為當了業務，讓我更快晉升，實屬關鍵。

轉職迷客夏那年，我四十五歲，我試著規劃自己的職涯。如果還是不想到台北工作，以一家分行待個三、四年就要被調動來算，大約再換個三、四家分行，就到了要退休的年齡。我問自己：這是我要的人生嗎？

當時，我沒有答案。只知道，日子雖然都一樣，但生活一定要很不一樣。我忖度著，多做善事，多交好友，多學技能，才能讓人生不一樣。而持續「寫書」與「演講」便成為我不一樣的媒介。因為要寫書，對生活的動態就會更敏感細膩；因為要演講，就會加強專業職能，進而結交更多朋友。

迷客夏董事長林建燁先生就是在演講場合認識的。也因為認識他的緣故，才讓我的職涯大轉彎。關於Kevin（林董的英文名字）找我到迷客夏，有兩段耐人尋味的故事值得分享。

其一，在加入迷客夏團隊之前，我們大約已經認識兩年，彼此也是臉書的朋友。有一天，我在臉書看到Kevin寫道因為過幾天他要到某個社群平台分享他的創業故事，希望有朋友可以先聽他講一遍，也給一些意見。基於雞婆特質，又彼此住家距離不遠，我打電話告訴他，我可以到他的家裡和他切磋，一起完成一場好演講。

Kevin接受我的建議，讓我到他家和他一起討論。剛開始，我靜靜的聆聽Kevin訴說迷客夏的品牌發展史。之後，再和他針對企業經營所遇到的機會和威脅，提出彼此的見解。最終，將創業的心路歷程與心得做為投影片的總結。而當他演講結束後的那一個晚上，我又很熱心的問他表現如何等等，彷彿他的事就是我的事這般重要。

我回想，這一個單純的「助人」事件，會是他找我加入迷客夏的原因之一。

其二，Kevin邀請我到迷客夏一起創業，不只說了一次，而是好幾次。而讓我最感動也是最後一次是，有一天晚上，Kevin寄了一封電子郵件給我，信中最後寫著：「家德兄，加入小迷（公司內部統稱迷客夏為小迷）的邀請，倒不是跳火坑的安排，只是在我們的願景裡，天堂的畫面有你的存在。」

當下，我讀完後，熱淚盈眶，感動不已，也就決定加入迷客夏和Kevin一起打拚，讓迷客夏成為手搖飲料的好品牌。

再回到出版這本書的緣起。時報文化總編輯文娟和我是舊識，她非常了解我的工作總總。某一天，當我聊到我想要動筆寫下二十年來在銀行從事業務與服務的相關經驗，她便非常贊同，並開始和我討論書寫的細則與架構。

經由文娟的鼓勵和鞭策，再加上團隊成員維君、多誠、慧雯與彥捷的同心協助下，才讓這本書得以用最美好的面貌問世，在此獻上深深的感恩。當然，也要謝謝情義相挺為我寫推薦序或掛名的前輩與好友，有您們的推薦，是我莫大的榮幸。最後，我想要告訴正在閱讀這本書的讀者們，有大家的支持與厚愛，才是這本書存在的價值。

第一章

基本功

不管做什麼工作，
業務的態度
讓你一開始就戰勝自己！

1

當業務，讓我的人生更開闊

命運改變我，就從當業務開始。
當了業務，讓我的人生起了五個化學變化。

小學的我，算是內向，但不至於憂鬱；中學的我，算是沉悶，但還不會自閉；大學的我，算是悶騷，但仍無法外向。現在的我，絕對熱情，一定是外向。原因為何？因為命運改變我，就從當業務開始。

在此，我無意說服你一定要當業務才行。只想要分享自身的經驗，因為當了業務，讓我的人生起了五個化學變化。

一、人際溝通沒有障礙

在群居生活裡，沒有人喜歡被討厭。而現代人的煩惱，也幾乎與人際溝通脫離不了關係。在還沒有成為業務之前，我的溝通能力平平，可是在擔任業務之後，我的溝通能力突飛猛進。主要關鍵是，做業務懂得學會「同理心」與「換位思考」，了解客戶的需求與感受，久而久之，將之用在人際關係上，不僅行得通，也吃得開。

二、面對挫折愈挫愈勇

做業務，被拒絕是家常便飯。這輩子，也只有從事業務工作，才有機會不斷的被拒絕。面對客戶的拒絕，有時候會很痛，尤其是熟客的拒絕更痛。當我還是業務菜鳥時，我的心情會很沮喪，但隨著次數變多，我開始學會調整心態。比方說，用棒球比賽來自我安慰，一位強打者有三成的打擊率，其實已經很厲害了，儘管如此，他還是會有七次出局的機會。一旦懂得轉化心情，面對挫折的能力也隨之提升。

三、分享的意願提高

成為業務之後，我特別喜歡分享。此話怎說？我分成兩個部分解釋。其一，從事業務工作，客戶在乎的就是信任與專業。說穿了，就是客戶對你的熟悉程度到哪邊。當你願意分享更多的產品資訊或是自己的生活大小事時，其實客戶正在一點一滴的了解你。舉個例子說明，當我接觸陌生客戶時，我會先用一分鐘自我介紹，把自己攤在陽光下，讓客戶認識我。這是拉近彼此距離的有效方法。

其二，以內部而言，業務與業務之間，會有更多機會交流「成交」的案例與故事。我喜歡告訴同事或同業我的業務經驗與心法，這就是一種不藏私的態度。有時候，或許你請教一位業務高手如何成交，他都會告訴你是「幸運」降臨或是「時機」剛好。但我不會這樣，我喜歡講出成交的關鍵，是「堅持」的原因，還是「服務」的關鍵，抑或是「信任」的結果。我覺得，有人願意向你請益，就多講一些成功的因子，別客氣，也不要吝嗇。因為每個人都想得到激勵，而不是聽到單純的「運氣」之詞。

四、人脈存摺累積更快

養兵千日，用於一時。不僅解釋於打仗，也適用於人脈。多認識人，真的有好處嗎？我的答案是肯定的。舉一個例子，你就能懂。當你身體不舒服時，若是你有醫師朋友，基於信任感，是不是可以馬上請他問診呢？如果你沒有認識半個醫師，但因為你認識我，知道我認識好幾位醫師，正好可以幫上你的忙，是不是也很好呢？

累積人脈這件事的重要性，也是我當了業務之後才體會的。有更多人脈，幫你介紹業務固然很好，但把人脈的好處運用在生活當中更好。這個社會是互相幫助的網絡，沒有人能獨善其身，一人成事。我常說：「人脈的終極目的是利他。」多認識人，才有機會多幫助別人，為何不要呢！

五、追求夢想的能力更強

做業務，不可避免就會有業績壓力。處在壓力之下，才有成長的機會。我很感恩老天，讓我剛出社會不久，年紀輕輕就要背負每月業績壓力的重擔。當每月重來，月月吃「歸零膏」的日子過久了，也就養成設定目標的超能力。你會知道，今天為何而戰？要打幾通電話、拜訪幾位客戶、成交幾個案子？這些種種，都是為了達成業績。

當你養成「設定業務目標」的好習慣時，自然而然也就能轉化對夢想的追求。這時的你，不會只關注業績的達成率，還會更深一層，對自己追求夢想有更強的動力。這都是因為當業務所致。

以上是我當業務之後產生的化學變化。我覺得挺好的，也邀請你一起體驗。

給自己最大的幸福，
就是對自己的信服。

2

別只想賺大錢，但一定能賺到未來

付出才會傑出，磨練才能熟練。
若要人前顯貴，必定人後受罪。
用時間成本換得業務精髓，縱使沒有賺到錢，
也會有機會賺到廣闊的未來。

多數人不喜歡當業務的原因是什麼？怕被拒絕、個性內向、底薪低、要常往外跑、壓力大、不愛社交……等等，幾乎可以說出一堆理由，拒絕業務的工作。但每個人又不能否認自己就是一名「業務」，因為我們都必須「銷售自

己」，讓自己「好好活著」或「活得更好」。

「業務的最高境界是賣自己。」二十多年前開始當業務的我尚不懂這個道理。二十年後，甚至未來的我，對這句話深信不疑。換句話說，「賣什麼不重要，賣自己最重要。」銷售是一門藝術，博大精深，與時俱進，永遠學不完，也永遠充滿樂趣。

當業務之前應該要有哪些正確的認知？很多在學的年輕學子，還有出社會工作一段時間之後想要在收入或人生上有所突破的職場工作者，常常會來問我這個問題。因此，我歸納出三個簡單易懂的好觀念，盼能讓許多欲踏入業務大門的朋友有所認識。

我鼓勵年輕人當業務，最好是投入職場之後的前五年更好。為什麼是前五年呢？有三個原因，其一，趁年輕早一些歷練，多一點挫折是好事，未來的抗壓力會更強；其二，業務是進入職場門檻較低的工作，如果還不能確認自己的專長，試試業務工作是很好的選擇；其三，出社會不久，就透過業務的洗禮，讓自己的人際關係與社交禮儀更臻成熟。

當業務之前，該建立以下三個好觀念。

觀念一：態度是業務工作的根本

「態度」可說是開啟職場勝利之門的金鑰，不論是否從事業務，都要有好的工作態度。我最常在演講場合說這個天衣無縫的完美案例：如何佐證態度的重要性呢？用英文單字可以印證。態度的英文是Attitude，如果把A算成1，B算成2，C算成3，依此類推，X是24，Y是25，Z是26，將態度（Attitude）個別字母加總起來，便是1+20+20+9+20+21+4+5=100分。而知識（Knowledge）是96分，努力（Hardwork）是98分，都不及態度的一百分。所以說，態度看似簡單，卻也是最難做到的。

良好的態度為自己的人生帶來加值。客戶會信任你，主管會提拔你，同事會喜歡你，幾乎所有的好處都會找上你，這是一樁最便宜的投資，也是最划算的買賣。但看似簡單的兩個字，為何還是會有那麼多人不懂個中道理，甚至扼腕失敗呢？根據我多年的經驗判斷，是個性使然。江山易改，本性難移。遲到早退、不懂謙卑、沒有禮貌、言語藐視、行為傲慢、自私自利、逃避責任等等，都是態度不佳的形容詞。若能修正上述的負向作為，職場之路必愈走愈順。

觀念二：辛苦付出是絕對必要

業務相較於內勤工作比較辛苦的地方，大概就在體力的負荷及時間的耗費特別明顯。但這也是我告訴年輕人，趁體力還在高峰時，應該要多承擔的原因。再者，當業務比較無法朝九晚五的正常上下班（當然，如果你已經是資深業務，或許可以），常常要東奔西跑，配合客戶的時間。

記得我還是一位菜鳥業務，當時仍是週六要上半天班的年代，我就告訴自己，週六的下午一定要排訪客戶，趁著其他業務（或同業）休息，多談幾組客戶，成交的機率一定比較大。我清楚知道，我沒有比較專業，至少勤勞就要到位。事實證明，趁年輕多流一些汗水，多吃一些苦，換來的絕對是甜蜜的報酬。

付出才會傑出，磨練才能熟練。若要人前顯貴，必定人後受罪。天底下沒有白吃的午餐，也沒有天上掉下來的禮物。除了我前述自身的例子，當我沒有比別人聰明，那就加倍努力外，若又能在業務上學會借力使力，比如深耕客戶，得到客戶介紹的機會，整個業務排程雖然會量大辛勞，卻很有成就感。

觀念三：別只想賺大錢，但一定能賺到未來

坊間許多業務高手出版的書籍，通常打著「賺錢」、「富有」、「多金」等主軸，鼓勵大家從事業務工作。沒錯，幹業務的確是有機會榮華富貴，但不保證終身飛黃騰達。更不可否認，因為當業務這個機緣，讓許多貧困的家庭得以翻身，讓學歷不高的人有機會出人頭地。

那些非常成功的頂尖業務，有哪一位是不用努力就賺到大把鈔票的，有哪一位是不必吃苦就能吃香喝辣的？答案是「沒有」。每位都是一步一腳印，認真耕耘客戶，提升自身競爭力得來的。相反的，若只是當一名三流的業務混日子，不僅賺不到錢，還可能連工作都不保。

誠摯建議許多想要從事業務的朋友，想因業務賺錢不難，難的是你準備投入多少時間與精神，讓自己在業務這條道路上嶄露頭角。基本上，業務的底薪本身

就不高（某些產業除外），靠的就是業績獎金。若獎金領不到或領不多，就會對業務工作產生氣餒，甚至離開。我的見解是，除非是經濟考量快活不下去，不然業務工作至少做個兩、三年是較佳的。時間若太短，對業務細節其實尚未摸透；再來是對客戶的經營也會因時間不夠長而扎實度不足。用時間成本換得業務精髓，縱使沒有賺到錢，也會有機會賺到廣闊的未來。

踏進業務之門前的停看聽，這三個好觀念，希望你能受用。

若不能讓生命豐富，
也就是對人生辜負。

3

脫穎而出的關鍵，不是你看到什麼「機會」，而是你看到什麼「問題」

你未必能「出類拔萃」，但一定能「與眾不同」。
選擇工作要從磨難的方向出發，最後才能走向幸福的終點。

「你是來做履歷健檢的嗎？」我問。
「是啊。」一位年輕人回答我。
「你覺得工作好找嗎？」我繼續追問。

「不好找，只能先求『有』，再求『好』。」年輕人邊說邊對我苦笑。

這個場景，是早上還不到八點半，我和一群年輕人在三創園區的門外等著走入會場，閒來無事和站在我身邊一位應屆畢業大學生的對話內容。這天一早，我從台南搭高鐵到台北，任務是在104人力銀行舉辦幫新鮮人放膽入市履歷健檢的活動擔任Giver。

再講一個曾經讓我很訝異的真實故事。

有一回，到苗栗竹南出差。因為目的地離台鐵竹南車站較近，遂改搭台鐵，不搭高鐵。我從台南的善化上車，座位旁邊坐了一位好似剛出社會的女生，也和我一同上車。車程前段，我們幾乎沒有任何交談，我看我的書，她滑她的手機。

車程末段，等到火車駛離後龍站，下一站就是竹南時，我開始收拾行囊，準備下車。我發現這位女生也在收包包，便問她：「妳也是要在竹南站下車嗎？」她說：「是。」我又問：「家住善化嗎？」她說：「不是，住新市。」「和我一樣耶！」我露出興奮的神情告訴她。經過幾分鐘的小聊，我還發現她是我的國小學妹，小我足足二十屆。

學妹告訴我，她來竹南是要參加某家上市電子公司的面試。讓我最吃驚的是，這是她第十二次面試，前面十一次都沒有被公司錄取。我顯露出不可思議的表情，問她：「找工作真的有那麼難嗎？」她點頭對我說：「真的。」

回顧自己二十多年的職場生涯，我找工作一直還算順利。甚至，愈到後頭都是工作來找我。所以，當一位剛出社會的年輕人告訴我，找工作不是那麼容易時，就讓我想起電視媒體的報導，關於找一份工作要投上百封履歷才能成功的新聞，應該所言屬實。

履歷健檢活動的開端，是104人力銀行董事長楊基寬先生的演講，他講了自己年輕時期找工作的兩個故事。而這兩個故事讓我悟出若能在職場練就「三心二力」的好功夫，必定能打遍天下無敵手，戰無不勝，攻無不克。

楊先生踏入職場的第一份工作是應徵貿易人員。三十多年前，他看報紙的徵才廣告，拿著一份簡歷就直接殺到一家小型的貿易公司應徵。縱使頂著國立大學外文系的學歷，他依然很客氣的告訴對方，只要給他工作機會，不論薪資與福利，他都願意接受。我聽到最有趣的一段是，當老闆問他：「何時可以上班？」

他竟回答：「馬上。」楊先生對工作的渴望程度，讓我看到無比的「企圖心」。

沒錯，這家公司是錄取他了。但一上班卻不是請他從事貿易相關的工作，而是讓人高馬大的楊先生充當捆工，先從搬貨、理貨開始。咬著牙，懷著夢，楊先生能屈能伸，努力做到當初的承諾，為的就是讓自己能夠浸淫在貿易的領域，從中學習專業的技能。關於這點，我看見楊先生的「上進心」。

經過將近兩年多的歷練，傑出的好表現讓他受到老闆肯定，此時卻也是人生十字路口的轉折點。因為老闆想要派他去非洲的迦納成立據點，負責倉管。楊先生認為這個工作不是他的夢想，心想：「如果不能執行老闆的任務，就應該把機會讓給別人。」也因此，他決定轉換跑道。這個替別人著想的決定，讓我欣賞楊先生的「責任心」。

之後，楊先生轉戰到科技業。憑藉著大學時期早已具備的外文能力，輔以第一份工作的貿易專長，再加上本身自學的電腦技能，很快就在公司內部擔任國外業務的工作。

做了幾年的業務，有一回老闆召集公司業務同仁開會。會議中詢問同事們，有誰願意到虧損連連的英國分公司任職，任務就是將分公司業務收掉。有別於上個工作只是要到非洲擔任倉管的簡單任務，這次的外派工作對楊先生而言是多元且困難的學習與挑戰。他向老闆自動請纓，表達他有意願，展現一股目標導向、想要邁向成功的「恆毅力」。

拜出國工作、視野大開所賜，楊先生得以在歐洲的土地上，感受與台灣截然不同的人文水平。最後的結局是，不僅英國分公司沒有關門大吉，他還將之營運到轉虧為盈。在那四年出國工作的日子，是他人生獲取很大養分的來源，更是他後來創辦104人力銀行的關鍵。因為他心中有一股念頭，想要讓台灣人提升人文素養，學會規劃個人職涯，過更好的人生。這一點是我從楊先生身上看到的獨特「品牌力」。

演講中，有兩句話我印象特別深刻。楊先生說：「你若能和別人不一樣，不是你看到什麼『機會』，而是你看到什麼『問題』。」接著他又說：「你未必能『出類拔萃』，但一定能『與眾不同』。」他告訴在場好幾百位的新鮮人，選擇工作要從磨難的方向出發，最後才能走向幸福的終點。

算是幸運吧，結束這場幫新鮮人放膽入市的履歷健檢活動，我有榮幸在會後與楊先生閒聊幾句，也從中交流職場的樂趣。

原先，我單純的來當一位Giver，因緣巧合也成為一名Taker。我願意成為傳遞職場的「三心二力」使者，讓社會新鮮人少走冤枉路。

多給人鼓勵帶來動力，
多給人機會帶來智慧，
多給人祝福帶來幸福，
多給人關懷帶來開懷。

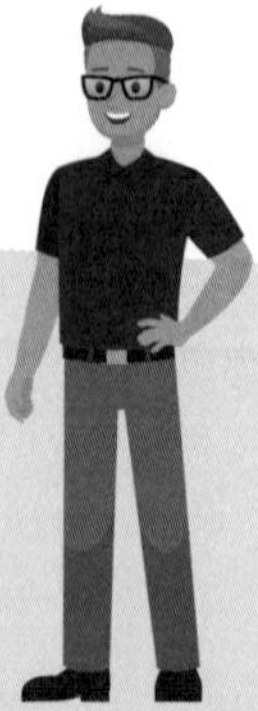

4

你懶惰，錢也懶得理你

「成就動機」是業務勤勞與懶惰的分水嶺，
當一名業務失去任何成就動機時，
懶惰將是必然，初期的勤勞也就枉然。
勤是岸，懶是黯。不可不慎。

當業務要「口才」很好嗎？做業務要很「外向」嗎？幹業務要「專業」優先嗎？依我的經驗，以上皆非。當業務，口才不用很好，但「信任」很重要；做業務，不必很外向，但「熱情」是必要；幹業務，起初不需很專業，但「學習」肯定絕對要。

所以說，信任可以彌補口才的不足，熱情可以取代不夠外向的表現，學習可以補救不夠專業的條件。但，唯一有一個特質，是成為一名優秀業務不能沒有的，甚至可以這麼說，如果沒有這一項，那乾脆不要做業務了。

這個特質叫做「勤勞」。

反過來說，如果一名業務人員開始「懶惰」了，也就是失去了「業務魂」。試想，一個沒有靈魂的軀體，怎能將業務做好呢！

我不想談如何才能「勤勞」，因為我覺得勤勞是每個人身上都有的特質。這就像佛家講的「人人皆可成佛」一樣，只是我們沒有開發出來而已。我想要聊一聊做業務「懶惰」的原因，也就是為何一開始勤勞的業務，到最後變成懶惰的業務。這是我從當業務到業務主管，再到公司的高階主管，數十年觀察的結果。

以下原因都有可能變成懶惰的關鍵，至於哪一種比例較高或成分較深，會因行業別而有所不同，不在我的分析之列。

久戰無功

不用懷疑，當業務就有當業務的ＫＰＩ，也就是衡量業績的標準。至於是考核銷售額、件數、淨利、達成率等，就看每一家公司的業績制度與獎勵金辦法。當一名業務人員無法在法定計績時間做到應有的目標時，他除了領不到業績獎金以外，甚至還可能被降薪或降等。

若是長時間久戰無功，他可能會自暴自棄或胡思亂想，懷疑自己是不是當業務的料。當這個念頭一起，他的鬥志就消沉，他的決心就削弱，他的心態就懶惰。

變成老鳥

「江山代有人才出，一代新人換舊人。」「長江後浪推前浪，前浪死在沙灘上。」這些朗朗上口的名言，都是解釋「新人笑，老人哭」的窘境。為何會如此呢？我想個中原因大抵就是老成的心態。一名做久的業務，若不能持續保有

「初衷」的理想，慢慢的就會因為熟悉公司各項制度而轉為怠惰。

這種怠惰的狀況是人之常情，不是不行或不好，卻是業務的慢性殺手，類似溫水煮青蛙的概念。久而久之，失去鬥志，遺失熱情，也就開始懶惰了。

解決這種問題的方法，我覺得有兩種。第一，公司有良善的升遷制度，讓業務可以繼續因為業績好而持續升官加薪。一旦有獎勵因子，老鳥也會飛上枝頭。第二，業務願意學習新事物。這是內在自我成長的動能。要避免倚老賣老，自我感覺良好，應該多進修，不論閱讀、上課或聽演講，都有「歸零」的效果。

不當比較

做業務，「比較」是一種良藥，也有可能是劇毒。看見別人比我努力而能享受甜美的果實，不免也會激勵自己「有為者，亦若是」的向上態度。但，只要看見別人煞是輕鬆得到業績，或因為某種好運而取得業績，就有可能產生忌妒的心情，總覺得我為何不得老天眷顧或客戶青睞，而開始相信一切都是「運氣」的緣故。當業務有這種想法時，他一定不會努力，只會更加懶惰。

「久戰無功」、「變成老鳥」、「不當比較」都是業務人員轉變懶惰的關鍵。惰性無罪，只會功虧一簣。當業務，不能不勤勞；當優秀業務，只能勤勞；當卓越業務，必是勤勞。

我認為「成就動機」是業務勤勞與懶惰的分水嶺，設定人生目標至為重要。比如，要賺到多少錢、要升到何種職位、要幫助多少人，都是成就動機的動能。當一名業務失去任何成就動機時，懶惰將是必然，初期的勤勞也就枉然。

勤是岸，懶是黯。不可不慎。

開始是一種儀式，
行動是努力嘗試，
完成是真的本事。

5

只有初衷才能為自己帶來美好的最終

談銷售，人們總是三句不離拜訪、成交、獎金……
然而，業務最常用到的其實不是頂尖業績，是你的那顆初心。
那才是讓自己在職場永保安康的護身符。

多年前看過一本關於攝影題材的散文書《要成為攝影師，你得從走路走得很慢開始》，這本書是旅居東歐的攝影師張雍所寫。從書名不難發現，作者想傳達要成為攝影師一定得從蹲馬步、練就基本功開始。

張雍說：「談攝影，人們總是三句不離景深、快門、光圈……然而，拍照最常用到的其實不是單眼相機，是你的那雙眼睛。」如果換成做業務，我想要改成：「談銷售，人們總是三句不離拜訪、成交、獎金……然而，業務最常用到的其實不是頂尖業績，是你的那顆初心。」

初心就是初衷。只有初衷才能為自己帶來美好的最終。

可想而知，很多人當業務的目的不外乎是賺更多的錢、時間較自由彈性、快速晉升職位等等，以上這些都只是想要透過業務達成的結果，卻不是當業務的初心。真正當業務的初衷應該是能夠學習更多的專業知識、懂得人與人溝通的技巧，以及訓練自己的抗壓力。

這也說明為何很多業務人員無法在銷售這條路上堅持下去的關鍵。因為他們沒有一顆深植在內心深處的業務種子，當不能賺到更多的錢，當被時間搞得團團轉，當沒有晉升到想要的職位時，便很容易放棄業務工作而離開了戰場，銷聲匿跡。

我舉兩個發生在我身邊的案例說明。

保有初衷，是度過低潮的關鍵

小陳原先是一位朝九晚五的傳產上班族，負責品管的工作，年資五年多，月薪三萬餘。兩年前結婚，成為一家之主，之後孩子出生，老婆便辭掉工作，專心照顧小孩。小陳逐漸感受到家庭開銷變大，讓他覺得經濟負擔已經在寅吃卯糧，不得不找出解決的辦法。

在某次的朋友聚會，我才得知小陳離開原本的公司，轉戰保險業，成為業務新兵。小陳與我算是熟識多年的老友，我對他開始做業務其實有些訝異。倒不是小陳個性內向、不擅言詞的關係，而是對於他純粹只是想要賺錢的動機感到憂慮。

為了不潑他冷水，想要給他更大的信心，在他開始擔任業務初期，我還約他出來喝杯咖啡，一對一面授機宜，教他當業務應有的觀念與技巧。在那一次的談話中，我聽得出來，他當業務的目的就只是為了賺錢，改善家庭生活。至於擔任壽險顧問應有的初衷，卻不是他所重視的。

不出一年的光景，小陳又回到老東家擔任原先品管的工作。我問他，為何要離開壽險業呢？他露出靦腆的笑容對我說，他只想著當業務可以多賺點錢，卻忽略從事保險工作得先具備「愛與關懷」的使命。剛開始，他的緣故客戶願意給他人情保單，漸漸的，緣故市場資源用盡，他必須開拓陌生客戶，但因為緩不濟急，開發成果無法立竿見影，讓他壓力愈來愈大。經過一段時日的低潮後，他終於明白，要當一名稱職的壽險顧問，不應聚焦在商品佣金率，而是要注重客戶的保障度。

只有你夠認真，別人才會當真

小美是一家美容公司的行政人員，年紀很輕，個性外向，是一位甜美的OL。她是在一次演講場合認識我。幾個月後，她突然臉書私訊我，想要約我喝咖啡。經由徹底的探詢，我才知道她除了正職的工作以外，還在兼職做直銷，想要請我加入她的體系。

對於做直銷，其實我不會排斥。但如果只是來告訴我，做直銷可以讓自己保有時間彈性，或是只要躺著就有被動收入進帳，我都是比較不能接受的。因為我認識許多在直銷行業非常成功的人士，他們其實是忙到不可開交的，深怕只要一怠惰，組織就有分崩離析的風險。所以，在我的觀念裡，天下沒有白吃的午餐，只有你夠認真，別人才會當真。

我問小美，想要做直銷的動機是什麼？她誠實的回答我，行政人員薪水不高，加上是在服務業任職，常常很晚下班，若是未來被動收入高過正職收入，她就會離開原先公司，享受時間上可以自己做主的生活。小美說得沒錯，每位職場工作者或許都想要錢多、事少、離家近，但真正能達成這個願望的又有幾人呢？依我二十多年的工作經驗，少之又少，甚至沒有。

我追問小美一個問題，在她經營直銷事業時，她對自己販售的那些保健食品，是否具備足夠的醫學常識呢？她很坦白的告訴我，就是「一知半解」而已。我說，若你真的遇見一位想要追求健康卻不想經營直銷的客戶，當你的專業知識不足，其實是不能說服客戶向你買產品的。後來，小美聽進我的忠告，認真的了解產品結構。慢慢的，她所經營的客群逐漸穩固，的確讓她在正職的工作以外，多了一筆額外收入。

這兩個事件，都是缺少初心的案例。賺更多錢很爽，讓時間自由很棒，爬更高職位很好。但請記住，當一位業務的「初心」一定要有，那才是讓自己在職場永保安康的護身符。

什麼是成長，發現世界上有美好也有醜陋。
什麼是成熟，在美好與醜陋夾縫中做自己。
什麼是成功，把美好變更好把醜陋變美好。

6

觀念一轉彎，業績翻兩番

用「愛」保有初衷，「自律」才能帶來自由。
了解「專業」帶來自信，「學習」是最好的保養品。
「人脈」讓你好賣，教你打造個人品牌！

只有真正做過業務的人才懂業務。

打從踏入職場開始，我就非常佩服能將「業務」做得好的人。基本上，我將業務做得好的人統整為具備以下這四種特質：工作時穿著優雅，談吐大方有內涵，面帶笑容禮貌佳，厚實的專業底蘊。這絕對不是電影看多了，也不是自我想像，而是自己在認識的朋友身上、看過上百本的銷售書本裡、業務研討會場所見所聞，以及與業務高手過招所得到的大數據分析。

或許你會說，這不應該僅限於業務區塊，各領域的成功人士也該是如此。這我能夠認同，只是套在業務的身上更為合宜，更加貼切而已。而在上述的業務身分，我覺得更能詮釋到淋漓盡致的行業非「保險業務員」莫屬。

保險業務員，是一個強調業績的工作，幾乎是零底薪，進入門檻不高，學習能力又要強，卻容易陣亡。相信你我身邊不乏許多保險業務員，甚至你就是。為何這份工作有這麼多人前仆後繼地投入，亦有多如過江之鯽離開這個行業呢？對於加入的關鍵，我的答案有三個：其一，有機會賺到比上班族更多的薪水；其二，時間能自主掌控；其三，能幫助很多人。關於離開的主因，我的答案也有三個：第一，到頭來賺不到錢；第二，這份工作失去成就感；第三，被更好、更有趣的工作吸引。

關於「保險」這檔事，我想要說說我的見解。

我一直到二十六歲，也就是出社會工作的第三年，自己才買了人生的第一張保單。時至今日，已經超過二十年，我真心覺得買保險是一件很重要也是必要的事。保險的真諦，就是用自己能力可以負擔的錢買到對身家的足夠保障。記住，一定是先做保障的規劃，再談投資的商品，千萬不可本末倒置。除非你家財萬貫或是富二代，不然先把自己的人身風險控制好是重點。

「只有發生風險才知道有保險的重要」、「只有失去健康才知道買保險的價值」、「只有無常來臨才知道保險能幫一個家庭什麼大忙」，以上這些話，不用我多說，只要有親身經歷或身歷其中的人自然能夠明白。所以，為何我會說，成為保險業務員就是在從事幫助別人的行業。保險的工作是一份責任，也是一份使命啊！

那麼，擔任一名優秀的保險業務員，該具備什麼條件呢？我想要用我擔任業務多年，卻又是旁觀者清的角色剖析以下五點，我將之定義為寫給業務員的五件事。

一、用「愛」保有初衷

保險的功能與醫生一樣都是助人，這是我對保險業務員的敬重態度。撇開為何要擔任保險業務員的緣由不談，只要成交一份保單，就代表對一個人，甚至一個家庭照顧責任的開始。這是非常神聖的使命。我身邊有許多好朋友從事保險，他們都會告訴我，真正讓他真心留下來繼續做這份工作的原因，不是因為賣了幾張保單，賺了多少錢，而是幫客戶理賠多少案件，進而降低許多家庭破碎的風險。

我確信還是有一些從事保險的業務員，一開始對自己的職業是羞於開口的。或許是過往社會的評價造成的負面印象，總覺得保險不具專業，也不是量身規劃，是人情保，是被迫的。但時至今日，我想要說這是錯誤的觀念，我有好多傑出的朋友，他們具有愛心，也有高學歷與高資歷，為了實現「愛與關懷」的願景，進而從事保險業務，這是值得鼓勵的美事。

大膽說出你是保險業務員沒關係，若你連講出自己的職業都畏畏縮縮，我無法相信你有多熱愛你的工作，更無法證明你會是一名好的銷售人員。如果你大方說出你的職業是保險業務員，而對方有不屑的表情，你一定要告訴自己，這是他的偏見，不是你的問題。一份傳遞愛與保障的保險工作是何其神聖、何其偉大啊！

二、「自律」帶來自由

無庸置疑，除了公司的例行會議與訓練，保險業務員的時間幾乎是自己安排的。也就因為時間是自主管理，才會突顯「好棒棒業務」與「一般般業務」的分野。好棒棒業務會充分利用時間，他想的是今天必做；一般般業務會得到拖延病，他想的是明天再說。

保險的業務工作，本來就是拒絕大於成交。或許業務害怕拒絕，也擔心客戶會不會不買，最後連朋友都做不成。其實這都是多慮的想法。保險賣的是需要，客戶可能在那個當時真的不需要，但經過一段時日，比如結婚生子、轉換工作、買房子等因素，導致他的財務結構出現變化，這都是未來可以切入的銷售點，切勿因為當下的拒絕而沮喪難過。

我要說的是，有太多業務因為被拒絕而傷心欲絕，試想，如果內心不夠堅強，被拒絕之後就會產生行為異常，而行為異常的常態就是失去自律的能力，該打電話的時間不打，該陌生拜訪的時間不去。總之，日常該做銷售的時間完全沒有進行。可能轉而放空，然後欺騙自己需要療傷止痛，或者找朋友、同事取暖，讓自己忘卻被拒絕的痛苦。想當然爾，沒有自律的業務生涯，怎會有自由的快樂人生呢！

三、「專業」帶來自信

任何一個行業，專業都是基本門檻，而保險更是專業導向的工作。此話怎麼說呢？或許這十多年來，我在銀行經營財富管理的緣故，對於保險業務也知之甚詳。最單純的，銷售保單至少要考取多張以上的相關證照才算合格；再者，對於保險法與相關稅法更是要精研明白，才能帶給客戶安心的感覺；再來是，針對全球總體經濟與股匯市的變動，更要學會找到趨勢。這些財經素養的具足，絕非一朝一夕可以做到，需要長時間的投入才能深入。

所以說，當一名傑出的壽險顧問具備上述條件，他顯露出來的絕對是自信的容顏與自信的談吐。這樣的業務員，喜歡挑戰困難，樂於接受客戶交付的問題。因為他知道，這是他表現專業的好機會，也是博得客戶信任的好時機。

四、「學習」是保養品

如上述內容所言，保險業在產品的研發與推行是非常快速的。商品不僅與時俱進，符合時代需求，就連壽險顧問也必須不斷的學習新知，才能懂得商品內涵，以便做好銷售。

依我之見，壽險顧問的學習有三大部分。

其一是銷售技巧。這是基本入門，卻也是業務的靈魂。市場上，不管是銷售的書籍，還是演講的課程，幾乎多到數不清，只要你想學，不怕找不到資源與老師。而這個業務區塊，也是兵家必爭之地，許多壽險公司會開課，管理顧問公司也會宣傳。

其二是專業知識。從最簡單的商品介紹，到更進階的稅務規劃，也都有學習的平台。當你成為保險業的一員，這類的專業課程絕對是必修的。通常，這些課程是需要收費的，可能由稅務專家或是會計師等專業人士來上。

其三是領導能力。除非你想要一人飽全家飽，否則從事保險工作，不免俗的，可能需要打組織增員戰。既然要帶兵遣將向前衝，就要有擔任主管的思維。面對自己增員的同仁，當然有責任要讓他們好好活下來。因此，「學會領導的能力」便是壽險公司或外部訓練機構常開的課程。

所以說，學習是保險業最好的保養品，不僅抗老，也能青春永駐。

五、「人脈」讓你好賣

我常說：「客戶是寶，愈多愈好。」客戶是業務的活水，也是賴以維生的養分。要讓客戶愈多愈好，靠的絕對是口碑行銷。換言之，一位壽險顧問若能在市場上打響個人品牌，絕對有助於業務推廣的力道。

套用我在演講常說的「打造個人品牌行銷三要素」，就是：「要真誠，強調貨真價實；要專業，追求精益求精；要付出，懂得回饋助人。」只要具備這三個條件，良好的風評與口碑便不脛而走，客戶介紹客戶的意願必然很高。

剛開始擔任壽險顧問，客戶大半來自於緣故市場，但也要懂得開發客戶介紹客戶的市場。緣故市場只能讓業務存活下來，只有經由客戶介紹客戶的途徑，才能讓保險業務大放異彩。關於這點，我的強烈建議是，只要有成交的客戶，一定要開口轉介紹至少一位。千萬不要自我設限覺得麻煩，不好意思開口。一定要相信客戶的一句美言，抵過業務千言萬語的功效。

「觀念一轉彎，業績翻兩番。」上述觀點是我認為非常適合壽險業務的五招，也是我做業務多年奉行不悖的圭臬。應該還有第六招、第七招或更多招，歡迎告訴我。

用嚴格的心態做事，
用柔軟的心情做人，
這才是美好的人生。

7

沒有運氣，只有爭氣，這就是業務精神的永不放棄

業績為王，績效掛帥。
業務這份工作是肉搏戰，沒有前哨站，
只能成功，要不就會成仁。

「家德老師，您好，我是新明。一年多前，我在台中任職的公司曾經邀請您來上課。不曉得您還記得我嗎？事情是這樣的，我在上星期五剛離開前東家，接下來要到台北『做業務』，繼續奮鬥。不過眼前有兩份工作需要做抉擇，不知

道您能不能幫我指點迷津？一家是日商不動產開發公司的業務，另一家是美商醫療器材製造商的業務。因兩者都是有規模的公司，可以好好發展。正在苦惱該去哪一家？不知道以您對這兩個領域的了解跟分析，會怎麼去做選擇？或是能不能提供一點建議？」這是某日早上手機LINE傳來的訊息。

傳訊息給我的新明，我當然認識。那天演講完，我還在關電腦收資料的時候，他就跑到我的面前哈拉聊天，希望加我的臉書與LINE，保持聯繫。當時我告訴他，若要加我臉書，就要傳封私訊給我，讓我知道為何要加我為友。

很快的，到了晚上我就收到新明的邀請與訊息。內容寫著：「家德老師，您好，我是新明，今天在台中聽您演講分享，覺得您的衝勁還有所做的事情是我很好的學習標竿。所以就效法您，用自我介紹來表達我對您的仰慕。也想藉由您的臉書發文，更加了解『人脈的終極目的是利他』這個概念，以及具體實行的方法。也許我現在距離利他這個標準還差得遠，但真的期待自己有一天也能成為拔刀相助的那個人。希望能藉由您的平台，耳濡目染，學習受教，也感謝您的演講給了我一些新的刺激，謝謝。」

對於當天新明落落大方的表現，我是非常肯定的。一來，願意在演講結束後走到講師面前提問（身邊還有好多人），個性上應該算是外向的；二來，他的行動力與回應力算是好的，不僅晚上回家馬上加我臉書，在訊息的文字表達上，也非常得體，這兩者對做業務絕對有加分效果。

我是一個若時間允許，就喜歡用口語溝通勝過用文字傳訊的人。因為聲音的溫度遠勝文字，主要是說話的抑揚頓挫有聲調，比較不會讓人產生情緒上的誤解。很快的，我確認新明當下是可以接電話的，便打過去與他交談。

新明大學念商管科系，現年二十八歲，在前職擔任品管工作將近兩年。他之所以想要離開這家公司，往業務領域發展，有三個原因。第一，現在這份工作雖穩定，但發展性不大；第二，薪水變動性低，只能用年資累積；第三，他想要離開中部小鎮，到台北闖一闖。

電話中，從新明的聲音聽得出來，他對新工作的挑戰躍躍欲試。這對於幹業務的能量是非常重要的，代表他不僅不排斥業績壓力，也樂於接受挑戰。他的意願已經為業務生涯踏出成功的第一步。當我清楚他當業務的動機與想法後，我表達支持之意。

接下來，就是要在兩家公司做選擇了。

為了更精準確切的給他建議，我請新明告訴我錄取他的兩家公司名字，以便我上人力銀行網站，確認分析這兩份工作的說明。會多做這個動作，是緣於我多年的經驗累積，因為在這十多年來，我常常到各大學演講求職議題，談到工作的選擇時，我都會告知新鮮人要看該公司對於這份職務要求具備的職能需求，才不至於報到後，發現工作內容與自己的想像差異太大而又離職，造成困擾。

我上網查到這兩家的工作職能要求。

日商不動產開發公司的工作內容大抵有三種：一，協助與設計師、建築師、廠商接洽；二，協助提案、內容確認、簡報資料責成；三，會議安排與聯絡、車輛及餐廳的預約。

美商醫療器材製造商的職務說明範疇有四項主力：一，向醫生推廣骨骼創傷類產品，以幫助病人恢復健康及行動力；二，負責轄區內的業務開發及銷售管理，以達成或超過業績目標；三，具有高保障的底薪及透明化的獎金制度；四，個性主動、積極、擅溝通，有駕照更佳。

我再度打電話給新明，與他討論二擇一的關鍵。

我是這麼說的：「日商公司的工作比較像是『業務助理』的職缺，要有細心的思維，也要有外向的人格特質；但比較沒有明確的業績KPI，當然要領業績獎金的機會就不大。反觀美商這家，就是一種『全然業務』的概念，每月都是以業績高低論英雄，每週都要有客戶開發計畫，每天都一定會被客戶拒絕，但可以比較快速訓練自己的『業務肌肉』，可能比較有機會賺更多錢。」

我進一步分析這兩份工作的職涯地圖，讓新明更加清楚。

不動產開發公司的職務，能讓一位想要踏入業務領域的菜鳥，有一段學習成長期。這期間能練就人際溝通技巧，強化時間管理能力，也提升行政處理效率，這算是當一名好業務的前哨站。這種工作適合給想要當業務、但又怕「受傷」的上班族先嘗試。醫療器材的工作就是用「數字」證明自己存在的價值。業績為王，績效掛帥，能與更多的醫師成為麻吉朋友，就能取得更好的業績。這份工作是肉搏戰，沒有前哨站，只能成功，要不就會成仁。

新明在電話那頭全然了解我的意思。他告訴我，他想要選擇美商公司，直接幹業務，不讓自己有退路。他補充說，他想要測試自己的業務底子，要做就從最困難的做起，要是真的做不好，才能用最短的時間找到自己的問題與缺點，進而在未來的工作選擇上突破盲點，找到屬於自己天賦的亮點。

回想自己業務生涯的濫觴，也是從最難的工作做起。每天要打幾通電話，每週要拜訪幾位客戶，每月業績目標要做到多少，全都攤在自己的行事曆與公司的榮譽榜單上面。做得好，給自己拍拍手；做不好，給自己打打氣。沒有運氣，只有爭氣，這就是業務精神的永不放棄。

對於新明的回應，我強力支持，也獻上祝福。結束電話之前，我告訴新明三個做業務該有的思維。

第一、搞清楚每一個拒絕背後的原因。

第二、弄清楚每一筆成交的關鍵原因。

第三、想清楚每一天從事業務的初衷。

能幫助願意投入業務工作的年輕人，是我的成就感來源啊。

8

找出激勵因子，直到夢想到手為止！

我的前方有跑友，代表有標竿；後方聽得到腳步聲，代表沒落單。
我這麼激勵自己，「不怕慢，只怕站」，終究會到終點站。
這場馬拉松，哥跑的是精神與態度，不是恍神與速度。

二〇一八年的初春，集中在某個星期，不管是臉書的Messenger，還是LINE的訊息，我的通訊軟體都出現各地朋友傳給我的一則新聞。內容是台南市天主教美善社會福利基金會發起的第一屆美善盃公益路跑活動將在五月二十六日舉辦，因為預定報名人數一千人，可是只有三百多人報名，若人數無法增加，可能導致原先要募款五十萬幫助身心障礙者的目標無法達成，還會造成基金會虧損。

可想而知，許多好友傳這則新聞給我，一來了解我有跑步的習慣，應該會有意願參加；二來知道我又住台南，距離舉辦地點新化的虎頭埤風景區只有幾公里遠，理應要去共襄盛舉才是。

沒錯，就是在這數十則訊息的催促下，我真的報名了，而且也帶著兒子與他的同學一起前往。為的就是替基金會執行長吳道遠神父「上主美善」的愛，盡一份綿薄心力。兒子因為當天下午還有其他活動，選擇報名十公里組，避免太累。而我，基於當天沒有其他行程，選擇半馬組，心裡想著，縱使跑得再累，回家好好睡一覺，明天醒來又是好漢一條。

這場因為台灣人愛心傳播的公益路跑活動，最後湧進了數千名跑者報名。不得不說，台灣最美麗的風景，真的是「人」啊。

因為人潮異常洶湧，車陣在田埂小徑綿延數公里。當天一早，我盤算開車出門與搭接駁車到起跑點的時間完全被延誤。原定六點開跑的半馬組，我竟遲了五十分鐘才起跑。起跑慢我不怕，重點是，當天的氣溫高達三十幾度，對於要完賽的我是一大考驗。

起跑後，前五公里的狀況還可以。縱使熱了些，我告訴自己每個休息站都停下來補充水分就好。所幸，主辦單位非常貼心，幾乎每兩公里就有水與食物可以補給。

汗一直流，溫度一直飆高，體力漸漸下滑。當我跑到十公里與二十一公里的分岔點（十公里組向左轉，半馬組繼續向前）時，我心中突然興起跑十公里就好的念頭。一來真的太熱，怕中暑；二來我起跑已經慢了三刻鐘以上，怕後面沒有跑友會很孤單。說時遲，那時快，當我打定主意要左轉的時候，一位執勤的志工用哨子對著我吹，告訴我說：「21K要繼續向前喔！」或許他看見我胸前的號碼布是半馬組，向我如是說。

礙於良心不安與好勝心逞強，我就在那千分之一秒的抉擇下，繼續往前衝。坦白說，原本這就不是選擇題，因為我報的是半馬組，理應向前。但基於情勢所逼，向左轉也未必是不對的。「留得青山在，不怕沒柴燒」，是我當下浮起的安慰之詞。

咬著牙，就拚了吧！我的前方有跑友，代表有標竿；後方聽得到腳步聲，代表沒落單。我的心情也由忐忑轉趨安定。當下，我這麼激勵自己，「不怕慢，只怕站」，終究會到終點站。

跑到接近十公里處的地方，因為在路邊看到一幕景象，更加激勵了我。這個場景標示著新化大坑社區，意象是用一根又粗大又直挺的綠竹子與一頭台灣水牛來呈現。當我看到這兩個用水泥雕塑的物件時，心中燃起很強烈的鬥志，確信我繼續跑下去是對的。竹子代表「堅忍不拔」的意念，水牛表現「勤奮不懈」的精神。這是老天的旨意，也是自我的勉勵。

「你以為你可以，但接踵而來的『考驗』就是讓你感覺快要不可以。」跑到約莫十五公里處，路徑突然進入爬坡地形。整個人開始氣喘吁吁，有些力不從心。再加上炙熱的氣溫與沒有遮蔽的路程，讓我心浮氣躁，全身發燙。

「你以為你不可以了，但接著發生的『體驗』又讓你感覺可以了。」因為持續的爬坡路段，為了節省體能，我索性用走的，讓自己稍事休息，不會那麼難受。想不到，有趣的事情發生了。在這段路程，有兩位跑友，或許和我有同樣的感受，也紛紛「停機」，與我同行。

我是個愛聊天的人，見到這兩位跑友，遂開始向他們攀談。或許有著同是天涯淪落人的落寞感，他們也回以比溫度還高的熱情。就這樣，三個本來彼此都不認識的人，就被這場馬拉松賽事的緣分牽引在一起，同行最後的五公里。

我們時而跑，時而走，彼此都在數十公尺的距離內。多數的時間是併行，一起聊天。一位是家住台南、到竹科上班、特意安排返鄉路跑的工程師；一位是與父親一同參賽、家住附近的高中生。工程師有著數十場的馬拉松經驗，他也是覺得可以幫忙做公益，才回家鄉跑步。高中生非常靦腆害羞，他告訴我，他老爸因為太熱，已經棄賽，剩下他孤伶伶的跑，還好遇到我們，可以繼續跑。說實話，他們兩位的適時出現，讓我後段的跑程在體力快要不支時，得以有一股人情味的支撐。

關鍵時刻到來，只剩下兩公里就抵達終點。此時的我，全身不僅悶熱，大小腿也被抽筋的感覺搞到呲牙裂嘴，苦不堪言。我做了一個保護自己的行為，既好笑，也難忘。我到最後一個補給站，向工作人員要求「水與肌樂」帶著走。就這樣，我左手拿著大瓶的運動飲料，右手帶著一罐噴劑，繼續向前走。一來口渴可以馬上喝，二來腳抽筋可以馬上噴。我的目的真的很單純，就是無論如何都要「走」完比賽。

最後半里路，我已經瀕臨中暑邊緣。兩位同行者或許知道快要到達終點，有一種見獵心喜的感覺，紛紛往前衝去。而我，則在騎著摩托車的工作人員不斷詢問我「身體還可以嗎？不行就上車」的問候聲中，緩緩的走回終點。

這趟公益馬拉松，我創下一個終身難忘的紀錄，想不到，我是最後一位抵達終點的跑者。真的完全符合「留得青山在，就是要完賽」的精神。

我想要用這場馬拉松的過程來解釋三個做業務的精神：

第一、堅持不懈，不輕易放棄：「放棄是一下子，堅持是一輩子。」業務的第一守則，就是不怕辛苦，堅持到底。

第二、自我砥礪，為自己打氣：「找出激勵因子，直到夢想到手為止。」做業務的態度，就是激勵熱情，讓受挫的心態持續放晴。

第二、有人同行，續航力更行：「陪伴是一種力量，讓業務更加發亮。」三個臭皮匠，勝過一個諸葛亮，此言真矣。

這場馬拉松，哥跑的是精神與態度，不是恍神與速度。

好運氣來自堅持永不放棄，
好心情來自相信人間有情，
好人緣來自願意廣結善緣。

第二章

同理心

學會換位思考，奧客退散！

9

先處理心情、再處理事情，讓你抓牢客戶的心！

事先了解客戶的習性與喜好，仔細聆聽客戶需求。
記住，客戶要的不單是賠償，而是與你關係是否能久久長長。

這是多年前，我擔任分行經理時，所發生的真實故事。

「經理，不好了，李董剛剛打電話來罵人了，怎麼辦？」當我從外頭拜訪完客戶，回到辦公室之後，同事小珊急急忙忙跑來求救。

經過小珊的解釋，我才知道原來是怎麼一回事。

李董一年前買了一檔三年到期的金融商品，因為這檔到期保本的商品被提前贖回入帳。雖然客戶沒有損失半毛本金，甚至還有獲利，但李董當初就是看好這項產品，想要投資三年才買的，想不到投資不到一半的時間就被贖回，因而生氣。

小珊緊張的告訴我，李董剛剛在電話中說，一定要給他一個交代，否則他會將銀行往來的錢全部匯走。我一邊擦著剛從外面回公司流的滿身汗，一邊又要心平氣和，聽著小珊擔心的轉達客訴過程。

關於「客訴」這回事，我只有兩件事要說。第一，**先處理心情，再處理事情**。第二，**主管應該儘速處理**，否則對客戶更加失禮。

我從小珊對整件事情的敘述裡，又得知兩個重點。第一，公司沒有同事熟悉李董的為人處事，唯一了解李董的同事已經退休了。第二，李董幾乎是半退休狀態，他的事業已經交給第二代處理。

我請小珊即刻幫我約李董，以他方便的時間為主，我想要趕緊和他見面。另一方面，我打電話給熟識李董的退休同事，詢問關於李董的種種。一旦要與客戶你來我往，進入正面交鋒的狀態，若能多了解客戶是很有幫助的。

依約，我到李董的住家拜會他。門鈴一按，出門迎接的就是李董。在職場打滾多年的人都知道，「先禮後兵」是雙方談判的序曲，而「禮多人不怪」則是一種舒緩氣氛的好方法。

「李董，這是椰棗核桃禮盒，知道您喜歡吃這一家的點心，特別為您帶上。」我小心的將禮盒放在茶几上。「唉唷，人來就好，何必破費，你怎會知道我喜歡吃這個呢？」李董笑笑的問我。

我誠實告訴李董：「因為要來拜訪您，我打電話給已退休的同事才得知的。」然後不等他回我話，我接著馬上對他說：「真是抱歉，讓您生氣了，這個禮盒是不足以讓您消氣的，身為分行的最高主管，我必須負起讓客戶滿意的責任。」

李董見我用極有誠意的態度致歉，也連忙對我說：「好說，好說，我只是要一個交代，並不是叫你一定要如何。」

經過一陣的寒暄小聊，我慢慢讀懂李董說話的口氣與想法。他在乎別人是否了解他，他在意別人是否尊重他。在那十分鐘的話家常中，我拋出關於他成功創業的好問題，比如：「您事業成功的關鍵要素是什麼？」「如果面臨下游廠商倒帳，該如何是好？」等等論及「商道」的看法。

話匣子一開，只見他侃侃而談，不斷的聊起那些年他創業成功的陳年往事。我則當一位認真的傾聽者，除了點頭示好外，也在他說出幾句富有人生哲理的話語當中，拿出放在我胸口的紙與筆，請他再說一遍，讓我可以詳實記錄。

我這個小巧的舉動是當業務的殺手鐧。因為這不僅是專注談話的表現，也是傳達尊重對方的絕佳回饋。這是雙贏的局面，也是化敵為友的關鍵。

李董是一位將近七十歲的商人，叱吒商場多年，其實他完全看懂我這位小老弟的舉動與動機。說穿了，就是一種「用心關懷，在乎感受，同理客戶」的態度。只見他開始問起我的家世背景與成長過程，漸漸的，我們的討論議題從最初「產品的抱怨」轉移到「生命的志願」。

想當然爾，李董很高興藉由此次機會認識我。我回他說，我們真是「不打不相識」，相見恨晚啊。想不到他竟然回我說：「我們是不『談』不相識，不是不『打』啦。因為我們根本沒有打起來啊！」當李董說完這句話時，我們彼此大笑，樂不可支。

這個故事的結局是，最終李董用這筆提前入帳的錢，又買了一個適宜他的金融商品。更重要的是，我們變成好朋友，他也介紹好幾位新客戶讓我認識。

這是一個客訴處理的案例，更是一種同理心銷售的過程。

我想要提出三點關於「同理心銷售」的技巧。

一、事先了解客戶的習性與喜好，有助見面的破冰與話題的接續。

二、仔細聆聽客戶需求，再問對好問題，挑起客戶對你的信任感。

三、記住，客戶要的不單是賠償，而是與你關係是否能久久長長。

讓鳥事變好事
的最佳方程式
就是正向嘗試
就不會被吞噬

10

學會換位思考，從人群中脫穎而出！

同理心思考，把自己當成客人的角色看待。服務是什麼？就是將心比心而已。

收到一封邀約演講的電子郵件，寄信人是Tracy，她是負責企業內部教育訓練的管理顧問公司老闆。由於我許多講師好友，像是謝文憲（憲哥）、劉恭甫（功夫老師）的課程都持續與Tracy合作，我因而也間接認識了她。

近年，常聽憲哥與恭甫兄提起Tracy，他們對她的好服務總是讚譽有加。因為我不是專職講師及管顧領域的圈內人，對於Tracy的好風評，只能耳聞，無法驗證。但，透過這次演講的邀約，我親臨實境，感覺無比美好。

看了Tracy邀約的日期與時間，地點在新竹某家飯店，我的課程從下午一點開始，兩點結束。當我翻開行事曆，赫然發現，當天早上九點半，我在新北市的慈濟靜思堂早已排有講座。我思忖，若演講十點半結束，搭計程車到板橋高鐵，然後直奔新竹高鐵，再搭計程車到會場，恐會來不及。

我打電話給Tracy，原先是要告訴她，因為時間過於急迫，應該無法成行，算是一種禮貌性的拒絕。想不到，她竟在電話那頭告訴我，她會派司機到靜思堂接我，以台北到新竹的車程只要一小時，我還有時間到新竹與她共進午餐呢！

讓人無法拒絕的貼心安排

「派司機接送」這句話，第一時間聽在我腦海，其實有很大的震撼。一來，我從未遇過主辦單位因為講座主動派司機接送我的經驗，通常都是請我搭計程車而已；二來，我覺得從台北到新竹這趟車資所費不貲，若不是對我重視有加，否則根本毋須這麼做。Tracy的分析有理，服務也有禮，讓我難以拒絕，也就開心接下這個邀約。雖是趕場，但心中很暖，這算是我第一次感受到Tracy的服務魔力。

答應這場演講之後，Tracy的好服務，我逐一驗證。在尚未開講的前置作業，舉凡問我演講當天中午要吃何種便當（葷或素）、飲料是配咖啡或茶、電腦設備使用的種種規格……再到給我學員的基本資料、飯店場地的空間照片等等，充分重視每一個細節，讓我感受與眾不同。

讓人難以忘懷的暖心服務

Tracy的貼心服務已經讓我開心，想不到後頭還有讓我感動的「連續劇」。這一回的男主角是此次負責接送我從台北到新竹的司機，趙立群大哥。在演講前兩天，我接到趙大哥的來電。他單純的告訴我，他是負責接送我的司機，打這通電話是純粹行前問候，也藉此讓我知道他的手機號碼，以便有任何問題可以隨時與他聯絡。

演講當天，我們約定早上十點半，從雙和的靜思堂準時出發。當我一上這台七人座的廂型休旅車，便開啟一連串的驚奇。趙大哥見我就坐，馬上端出一盒沙拉、一份蛋餅、一杯熱咖啡給我。他說，這是他多年的習慣，一趟旅程，若能帶給客人舒適愉悅的心情，花點小錢是值得的。說實話，我受寵若驚。也因為這個驚喜，雖然我剛結束一場演講，理應休息片刻，但他獨特的好服務，卻讓我想要和他多聊聊。

坐在駕駛座的趙大哥，身形瘦實，一身黑裝，戴著手套開車，有一股軍人的威儀。沒錯，經由交談得知，他是退役的職業軍人，從事司機工作將近十五年。路途中，我和他相談甚歡，他告訴我兩個影響他至關重大的好故事。

第一個故事，發生在他剛轉行擔任計程車司機的第三天。一早他在台北龍江街附近載到一位客人，對方要到一個教育訓練中心。趙大哥心想，會去這個地方的人，不是學生，就是老師。他看這位女士的打扮典雅端莊，應該是一位老師，便鼓起勇氣問她。這位乘客也很落落大方的回答：「是啊。」

就因為一個親切的問候，開啟兩人的對話。快到目的地的時候，這位客人就問趙大哥，如果時間允許，她下午四點半下課，接著要趕去新竹上六點半的課，可否請他繼續接送。趙大哥一聽，能接到這趟長程的業務當然好啊。

或許趙大哥生性心思細膩，抑或他有一種將心比心的特質。他心想，下午四點半客人結束課程，若是再稍微耽擱行程，可能就沒時間用餐了。他便自行決定到速食店買了一個漢堡、一杯熱咖啡，準備送給這位老師當晚餐。時值寒冬，他又擔心熱咖啡涼掉，於是用保溫箱裝著咖啡，務必讓客人喝在嘴裡，甜在心裡。他的舉動一整個讓客人感動，也就因為這個貼心的服務，這位老師將他的好事蹟告訴管顧圈的朋友，讓愈來愈多的講師指名要搭他的車子。趙大哥說，這位客人是他改行當司機的第一位貴人，他終生不會忘記。

另一個故事是一位婦人帶著小孩搭趙大哥的車子，當兩位乘客上車，趙大哥很熱心的請他們喝車內備用的礦泉水。婦人說，因為只是搭短程，車資不多，覺得開一瓶礦泉水來喝會很不好意思。此時，趙大哥告訴客人，他看見婦人的小孩滿身大汗，應該要多喝水，免得中暑。婦人覺得非常有道理，也就接受此建議。

下車之際，這位婦人拿了一張趙大哥的名片，告訴他，若有機會，一定再叫他的車。

幾個月過去，這位婦人果真來電叫車，是一趟從台北到台中的遠程服務。但趙大哥其實早已忘記這回事。當這位婦人告訴趙大哥，她覺得第一次搭車時，趙大哥竟會幫忙關心她的孩子，讓她非常感動。現在，每一年清明節日，這位婦人全家都搭趙大哥的車子回鄉掃墓。他說，這是一個C／P值很高的服務回饋。

一場小演講，讓我見證Tracy與趙大哥的好服務。我從他們身上，看見三個服務亮點。

第一、同理心思考，把自己當成客人的角色看待。找出客人的需求點，加以滿足，給予安心的感覺。

第二、行前多準備，過程不狼狽。前面提過Tracy的用心，無庸置疑的好；趙大哥亦是。他若接到不熟的車程服務，他會提早準備，預先確認路況。當天行車時，不靠導航，讓乘客對他放心。

第三、服務皆大器，花費不小氣。Tracy的公司不大，但客戶幾乎都是大公司。原因很簡單，Tracy願意花極高的成本與代價，投資在軟硬體上面，讓這些大公司買單。而趙大哥深諳顧客心理學，買東西請客人吃事小，讓客人都能夠準時抵達才是事大。

服務是什麼？就是將心比心而已。

日子不一定要有創意，
但生命一定要有意義。
生活不一定要搞創新，
但每個片刻都要用心。

11

從服務中找到愛與價值，你的工作就是你的人生使命！

我相信「分享」是一種快樂的行為，「讚美」是一種幸福的回饋。從高鐵列車長Doris天使般的好服務中，我看見工作的愛與價值。

從台北搭高鐵回台南，我的位置靠走道，坐在我旁邊靠窗的是一位看起來珠光寶氣的貴婦。坐定位後，車子也緩緩的駛出台北車站。這是一趟週五北上開會的行程，由於整天心情緊繃，也希望藉由回程之便，可以小睡片刻，稍稍舒緩身體的疲憊。

車行快到桃園站，此時睡意已起，正準備打盹之際，坐在我旁邊的貴婦突然大叫一聲：「哇！我的行李放在台北車站的月台。」因為這句音量大到幾乎要讓整節車廂乘客都聽見的話，讓我睡意全失，連忙問她：「怎麼了？」從這位貴婦的臉龐，我充分體會「驚慌失措」這句成語的精髓，就是一整個心神不寧、不知如何是好的樣子。

此時，我能做的事情就是趕緊找到列車長，請她來幫忙處理。列車長是Doris，劉芳毓小姐。她非常盡責，表現出穩定人心的服務氣質。除了一面安撫乘客外，也緊急通報台北車站的同事請求協助。或許是這個袋子真的裝有貴重物品，這位貴婦顯露出非常急迫不悅的表情，不斷催促Doris，請她快一點。

說實話，當我看到這一幕算是對列車長小咆哮的對話時，我非常同情Doris的處境，也極度不喜歡這位貴婦不耐的回應。雖說，服務業的天條是「客戶永遠是對的」，但我都會加上這句「可是客戶需要再教育」來告訴自己與同事們，服務業的工作也應該得到同等的對待，一種有尊嚴的體諒。

約莫過了十分鐘，Doris再度走到我的位置旁邊，告知貴婦她的袋子仍然原封不動的放在月台椅子上，並沒有遺失。這時我的心中浮起兩句話，一句是「台灣最美麗的風景是人」，代表人性的善良面；另一句是「得之，我幸；不得，我命」，表現盡人事、聽天命的豁達個性。

Doris再度展現微笑的服務，詢問貴婦，這個袋子是要先放在台北車站，等她回去自己拿，還是要寄到台南高鐵站，她再自行取回。在婦人仍猶豫不決，思考要選哪一個方案時，我看見Doris的臉龐彷彿天使，笑咪咪的，非常真誠。

最終，這位貴婦決定到下一站新竹站下車，回去北車自己拿。我不禁疑惑的問她，有這麼重要，一定要再回頭嗎？只見她不好意思的對我說，裡面裝有很多她剛剛去百貨公司血拚完的戰利品，而這些東西，她都不想讓她老公知道。

這齣遺失行李的鬧劇算是告一段落，而我想要讚美Doris的戲碼正要上演。我下了台南高鐵，走到旅客服務台，向值勤人員要了一張顧客意見表。當我講出「顧客意見表」這五個字時，高鐵值班人員是嚇一跳的。可想而知，通常會拿顧客意見表的，十件有九件應該都是客訴案件，像我單純想要讚美Doris的好服務，應該不多。

回家後，我詳實寫下我某年某月搭乘哪一個班次所遇見Doris好服務的種種。目的只有一個，就是想要告訴台灣高鐵公司的高層，能請到Doris這位宛如天使的好員工，是多麼幸福的一件事。意見表最後有一欄要勾選是否需回覆結果，我心想為善不欲人知，也就勾「否」。

想不到此事過了兩個月，我竟然又在北上的高鐵車廂遇見值勤的Doris。這絕對是一種「念念不忘，必有迴響」的概念。我興奮的向Doris打招呼，坦白說，她對我應該印象模糊，因為當晚，我們真的交談不多。後來我告訴她，因為她的好服務，讓我寫了一封信給台灣高鐵。她此時才得知是我的傑作，露出開心的表情，回以燦爛的笑容。礙於當時她正在值勤，我只能和她短暫小聊，便結束這個小邂逅。

將近兩年來，這個「讚美」的小故事，成為我上課演講的好素材。我都告訴聽眾，若有機會在高鐵上遇見Doris，務必給她一抹微笑，除了讚美她，也要對她加油打氣。而在這兩年，我也搭了高鐵數十次，每當列車長從我身邊走過，我總想確認是不是Doris又出現了。可惜天不從人願，我還是無緣見到Doris的蹤影。

想不到，在一個初春早晨搭高鐵北上出差途中，我終於看見Doris，心中滿是悸動。我再也不顧旁人異樣眼光，在她值勤時尾隨其後，趁她走到車廂與車廂中間之際叫住她，開始和她攀談。

我重提往事，也向她解釋，她的好服務是多麼讓人印象深刻。她對我的稱讚還是很開心，也謙虛的說這是她該做的。結束將近五分鐘的會談，我再度回到座位，享受一種愉悅的回味。

令人驚喜的事再度發生，過了半小時之後，Doris竟然走到我的座位旁，給我一張手寫的小紙條，內容寫著：

吳先生，您好，很榮幸自己工作的小故事被您分享，謝謝您總是認得我，並開心的向我打招呼！

Doris

天啊！Doris真的好貼心，再一次讓我感動不已。這時，我突然想起背包裡還有一本我的書，遂在書上寫下這段話：

親愛的Doris，您的服務有愛，愛是一種分享，很開心認識您，一起讓世界更美好，功不唐捐，祝福您。

家德

這是一種禮尚往來、傳遞誠摯友情的舉動，我相信「分享」是一種快樂的行為，「讚美」是一種幸福的回饋。

「從服務找到愛與價值」，感謝老天讓我再度印證Doris天使般的好服務。

12

把路人變貴人，讓機會主動現身

人脈深耕不是只聚焦在目標客戶，
有時候身旁不經意出現的朋友，更是至為關鍵。

《今周刊》第一〇三二期的封面故事是「把路人變貴人的17個好習慣」，文內共報導五位男女主角的人脈經營故事。而我，是第一男主角。如同《今周刊》副標題寫著「人際關係最難經營的時代，你需要重新學『做人』」，文章內容教導業務人員該學會的人脈技巧，但對職場上班族也一樣受用。

我會「再度」成為《今周刊》的報導人物，其實是一件很有趣的事。我在《今周刊》被報導的第一篇文章，是在第一〇二五期的封面主題「38歲前必懂的15個觀念」裡的「財富篇」，標題是〈銀行分行經理吳家德的中年理財經——職場常勝軍靠鐵三角投資法，50歲前達財富自由〉。因為受到《今周刊》主編謝富旭先生的採訪，才得以在周刊曝光。

富旭兄在採訪我的過程中，被我「侃侃而談，熱情非凡」的人格特質所吸引。他訝異告訴我，他採訪的銀行主管不下百人，我算是非常獨特的一位。我不解問他，何來獨特呢？他說：「金融從業人員通常比較一板一眼，較為拘謹保守。而你，不僅喜歡分享人生，也善於說故事打動人心，這是較不同的地方。」對於他的褒獎，我笑笑的接受。

在登出一〇二五期的報導之後一個月，富旭兄再度打電話給我，說因為和我見面聊天非常愉快，又看了我第一本書《成為別人心中的一個咖》，特別想要做一個關於「人脈」的專題報導，問我的意見如何？「好啊！非常樂意。」我在電話那頭附和他。

約定訪談時間，有別於上次我到台北接受採訪，這次規格較大，富旭兄帶著攝影記者隨行，搭乘高鐵專程到公司來拜訪我。富旭兄是一位非常資深且用心的主編，採訪的前置準備功夫極為充分，他提前將訪談的題綱寄給我，請我稍作簡單的回答，之後再看我的文字敘述，調整後續的訪談重點。

深耕人脈，需要遠見

執筆到此，我想分享一個業務人員常會忽略的關鍵要素：「人脈深耕不是只聚焦在目標客戶，有時候身旁不經意出現的朋友，更是至為關鍵。」或許，你可能看不懂這句話的意思，讓我來說得更清楚明白吧。

依我當時在銀行業務的經營方向，富旭兄應該只能算是「過客」，絕對不是「主客」，我卻將他視為比客戶更重要的客戶。因為我知道，他的出現將會提升我拓展「新人脈」的機會。當文章被正面報導之後，我會是最大的受惠者。在社群媒體發達的時代，這是絕佳的曝光機會。你說，我怎能不好好針對富旭兄的問題詳實回答，讓他對我留下好印象呢！

回過頭來說，就是有許多業務人員一味的只想要經營他們自覺重要的目標客群，而看不到身旁其實有許多擦肩而過的好機會，這是非常可惜的。例如以保險業務員來說，很多業務員可能有機會到醫院探視保戶，除了祝福客戶早日康復外，也會幫保戶申請理賠作業。這時候，如果我是保險業務員，我就會希望與醫院的醫護人員建立好關係。這些醫護人員正是我說的可能擦肩而過的好機會，如果懂得善加經營開發，搞不好又會是一個大商機。

果不其然，當「把路人變貴人」這篇專題刊出後，我的臉書受到很大的關注。不僅有數百人想要加我為朋友或追蹤，更有許多潛在的客戶朋友，透過私訊來問我相關的銀行業務。這是我料想到的結果，也是經營人脈的一大突破。

時至今日，我與富旭兄仍是好友。他在北，我在南，大家各忙各的工作。但我總是雞婆些，每隔一段時日，就會打通電話問候他，除了表達關懷外，也向他分享一些職場的好故事。這是友誼歷久彌新最佳的方法。

以上是發生在我身上的真實故事，我想要從中傳達三個經營人脈的心得：

第一、要有高敏感度的人際嗅覺，把握每一個建立人脈的契機。
第二、學會讓自己喜歡分享故事，因為每個人都喜歡聽好故事。
第三、讓自己成為一個有趣的人，就會吸引很多有趣的人出現。

細心體貼的最終
就是會讓你明白
善待人的幸福感
都會讓自己受益

13

當經營人脈變成善的迴圈，好事就會像漣漪接二連三來

因為朋友的介紹，讓我得到更多的業績。這是一個善的迴圈，也是具體實踐把路人變貴人的好故事。

上一篇〈把路人變貴人，讓機會主動現身〉寫到，我是《今周刊》當期封面故事五位男女主角之一。我想要問讀者一個問題，當文章刊出，你將整篇報導看完一遍，會想要認識雜誌報導另外四位你不認識、卻很優秀的專題人物嗎？（請

想三秒）

我的答案是「會的」，而且我積極行事。

封面故事除了報導我以外，第二篇的女主角游士瑢任職信義房屋大直店店長；第三篇的男主角倪韶諡在全球人壽擔任區主管，因為都是兼任業務與管理職，特別吸引我想要認識他們。第四位因為人在國外上班，很難聯繫上而作罷。第五位則是金融圈高階主管，查不到他的臉書，只好放棄進一步認識。

關於士瑢與韶諡，我從臉書找到他們的資訊。透過私訊，我寫了簡單的自我介紹，禮貌性傳達想成為臉友的渴望。之後，我腦中掃過一個念頭，心想，若我有認識全球人壽或信義房屋的朋友，再經由他們的介紹，應該能大大提高認識的可能。

我在全球人壽沒有很熟的朋友，但信義房屋就有超熟的朋友在裡頭，我認識的是在台北市當主管的張凱智。凱智是我認識三年餘的朋友，起源於他買了我的書而加我臉書。有一次，他發訊息給我，告訴我若上台北開會，可以順道找他見面，他想要拿書讓我簽名。

我是一位非常喜歡交朋友的人，當讀者這樣告訴我時，通常我的做法是請他給我電話，我想要直接跟他聊一聊，一來節省冗長的打字時間，二來可以聽聽對方的聲音，感受對方的溫度。

或許都是業務出身，我與凱智非常有話聊。聊到最後，我告訴凱智，我不想只是因為上台北開會才與他見面。若時間允許，我想要幫他店內的業務同仁上課，傳授我的業務技巧。凱智喜出望外，感到不可置信，非常高興的回覆我：「沒問題，即刻安排。」

那一次毛遂自薦的分享會，雖是我與凱智的首次見面，但電話交流早已往來多次，一點都沒有陌生感，反倒有一種久別重逢的味道，之後也就種下我與士瑢認識的契機。

「凱智，請問你認識游士瑢店長嗎？」我打電話問。「我知道啊，她是大直店的店長，也是信義房屋的 Top Sales。」凱智很快的回我。我再問：「可否請你居中幫忙？我想要認識她，因為我們同登在一本雜誌上。」凱智說：「好啊，非常樂意轉達。」過不到十分鐘，我的 LINE 傳來凱智的訊息，一打開，顯示著士瑢的手機號碼。

我馬上打了這通熱呼呼的電話給士瑢，因為有了凱智幫我打頭陣，我與士瑢的對話便一點也不陌生。掛完電話後的五分鐘，我再度收到士瑢傳給我的訊息，內容寫著：「家德大哥，您好。感受到您的熱情，謝謝您今天的來電，很開心。」這是我與士瑢「只有遠傳，沒有距離」的第一次接觸。

你以為我做了上述這些，就算是認識士瑢了嗎？並不是。你以為我只想停留在臉書互相交流的關係而已嗎？並不是。在成為臉友之後的幾個月，藉由一次北上拜訪客戶之便，我順道約士瑢碰面，想不到士瑢也非常期待相會。她不僅親自開車到捷運出口接我，又順道繞著大直地區的腹地，告訴我附近房價的行情。「她的專業態度，讓我敬佩；她的工作精神，讓我讚嘆。」這是我見她第一次面所寫下的評語。

因為我的書，凱智認識我；因為一篇報導，我認識士瑢。這兩件事情，開啟了我與信義房屋數百位新朋友的緣分。不是兩人而已嗎？何來數百人呢？

事情是這樣的。經由聊天，士瑢知道我是一位喜歡分享的朋友，又知道我曾經到凱智的店內幫新人上課，她便找我到她所屬的業務區域演講。這一講，又是一連串引爆的美好。

在那一次百人的講座當中，讓我有機會多認識數十位信義房屋的新朋友。也因為演講風評不差，信義房屋的同仁幫忙宣傳出去，讓其他地區的業務主管紛紛來找我敲時間安排演講。

想要說的是，透過演講是我認識新朋友的媒介，而能夠在業務上有機會往來才是重點。眾所皆知，銀行與房仲有很深厚的業務配合關係。客戶買賣房屋，幾乎都需要貸款，當我能認識更多的房仲業務時，或許在融資管道上，就能提供所需的服務。

因為好幾場的演講，有幸認識數百位信義房屋的好朋友，也因為熟悉度與信任感加深，便促成好幾個買賣案件能夠順利貸款成功。這在人脈耕耘上，是很大的突破與收穫。

一篇封面故事報導，讓我主動認識士瑢。因為認識士瑢，讓我結識更多信義房屋的朋友。因為朋友的介紹，讓我得到更多的業績。這是一個善的迴圈，也是

具體實踐把路人變貴人的好故事。

關於以上的故事，我有三個業務重點想要傳達：

一、做業務，能認識新朋友，不要被動，要更主動。

二、免費提供演講，除了練台風口條，也會有業績。

三、與業務高手多交流，你會發現他們真的不一樣。

平時結善緣
銷售有機緣
平時無聲息
銷售徒嘆息

第三章

觀察力

培養人際嗅覺，別讓顧客變過客！

14

業務必殺技：腰軟、嘴甜、跑得快！

腰桿子柔和謙順，嘴皮子專業貼心，腳底子勤奮明快。在我看來，她銷售鞋子的思維與觀念，是讓她在這個領域成為佼佼者的關鍵。

有一回，我到百貨公司要買一雙休閒鞋。

我甚少到百貨公司只是純粹逛街，總是有目的性購物需求才會上門。但只要一逛，就會像好奇寶寶一樣，到處走走看看，看的不只是每個櫃位「物品」的精緻亮點，更有「人」的貼身觀察。

而這個「人」原則上是「櫃姐」。或許是職業病上身，我觀察的不單只是櫃姐美麗的長相，而是她的「銷售態度」。銷售態度取決於櫃姐的肢體動作、臉部表情，以及她是否願意和你多聊兩句，傳遞銷售氛圍。至於能不能成交，那就看需求與緣分了。

服務業有用台語發音的四個金句，分別是「臉要笑，嘴要甜，腰要軟，腳手要快」。每當對服務業的學員演講，我都會搭配動作，講出這四句，通常會博得現場聽眾哈哈大笑。但我其實想告訴大家，這些看似滑稽的小舉動，可是深藏服務業最重要的制勝關鍵：貼心、用心、同理心。惟三心齊發，方能讓客戶掏錢是也。

台南的百貨公司不若台北，縱使在假日時光，人潮依舊不夠喧鬧。尤其當我走在以男仕用品為主的樓層時，更顯冷清。可想而知，逛街的消費者，還是女性多於男性。

行經西服的櫃區，好幾位櫃姐紛紛對我說「歡迎試穿」；散步到賣領帶的櫃位，小姐們也是告訴我「歡迎光臨」。但，她們似乎都少了我認為百貨零售服務業應該要具備的兩樣法寶：第一、主動靠近的行動力；第二、說出一句有創意的問候語來提升業績。比如說，櫃姐可以更積極的走到櫃位前面，與我互動，讓我願意停下腳步看看，而不是只縮在收銀台後面喊口號，讓顧客感覺距離有些遙遠；抑或說出「有限時優惠折扣」、「最新一季新貨剛到」等可以引起顧客駐足的金句。

我沒有受到前面櫃姐銷售攻勢的吸引，快步走到賣鞋專區。在這二十多年的職業生涯，平日上班穿皮鞋，假日出門穿休閒鞋，已是我的腳下功課。平均來說，我會有兩、三雙皮鞋替換，約莫一年餘會穿壞一雙是正常的。此外，我還會分不用綁鞋帶與需要綁鞋帶的款式，至少各一備用。如果今天要到新客戶家中拜訪，我會穿不用綁鞋帶的皮鞋。原因很簡單，因為你不知道進客戶家門需不需要脫鞋，進門脫鞋容易，出門穿鞋才是差異。當結束行程離開客戶住家，如果你穿綁鞋帶的鞋子，必須蹲下來繫鞋帶；若是穿不用綁鞋帶的鞋子，則可減少客戶等候你綁鞋帶的時間，更能顯現自己的俐落感，這絕對是好事。

因為抱著一定要買鞋的心態，我找了一家之前從來沒買過的知名品牌鞋櫃，打算換換「腳味」。當我走到櫃位，拿起一雙想要試穿的休閒鞋時，負責當班的櫃姐馬上看到我的需求，對我說：「目前這雙鞋有折扣，如果買兩雙，還會有折三百的活動。」哇，她的行動與用語，馬上命中前述兩個銷售法寶。這是我對這位櫃姐的第一好印象。

接著，陸陸續續看了幾雙價格適中、款式喜歡的好鞋。這位櫃姐又非常專業的詢問關於我的幾件事，分別是看我的腳型是寬版，還是窄版，以便建議我選定的鞋款是否合宜；還問我穿休閒鞋時有沒有穿襪子的習慣，以及穿鞋之後需不需要久站等問題。彼此一來一往的探詢與攻防之後，我發現眼前這位櫃姐不僅極其專業，也對銷售鞋子充滿熱情，是我心目中認知的好業務。我思忖她應該賣鞋超過五年以上，想不到她回答已經在這個專櫃任職超過十年。她的資歷與穩定度，肯定對她成為一名好業務加分不少。

更讓我感到開心的是，我選定的那幾雙鞋款，她都不厭其煩到倉庫拿取，當天看她來回七、八趟是跑不掉的。更細心的是，她不會只拿一種型號出來試穿。

比如我的腳應該適合穿九號鞋，她會拿出八號半與九號半鞋子出來比較，一來跑一趟就好，二來讓客人可以比較穿不同鞋號的感覺。在我看來，她銷售鞋子的思維與觀念，是讓她在這個領域成為佼佼者的關鍵。

沒錯，我真的被她的銷售能力與素養感動。原先只想買一雙休閒鞋而已，最後竟因為試穿數雙而買了兩雙自己都很喜歡的好鞋。當我甘心的掏出信用卡準備刷卡之際，想不到她又問我一個好問題：「先生，你平日應該會穿皮鞋吧？」我回答：「是啊！」她又說：「目前這區皮鞋都特價喔。」說實話，當下因為我已經買了兩雙新鞋，心中有些罪惡感，理應不會受到她的慫恿再買皮鞋。但，她真的很厲害，講出了一句銷售用語，簡直是殺手鐧，讓我擋都擋不住的再買一雙皮鞋。只因為，我看上一雙很喜歡的皮鞋款式，而她告訴我：「吳先生，這雙古銅色的鞋子非常適合您來穿。」只見她立即拿出西裝褲的布料，比在小腿肚上，讓我瞧瞧鏡中的穿鞋樣子是多麼迷人。

好吧！我說真心話，就是這三個字「古銅色」讓我心動。因為過去這些年來，我從未穿過黑色以外的鞋款。所以，當有一位專業的賣鞋業務告訴我，原來西裝褲搭古銅色的鞋子也能顯現出專業形象時，我就不受控的「買了」。

晚間到家，我回想下午的購物經驗，在臉書寫下零售業務必殺技的三要事，分別是：腰桿子柔和謙順，嘴皮子專業貼心，腳底子勤奮明快。這位櫃姐名字叫靜宜，我打從心裡認同她的服務與銷售。

「信任」是人與人之間買賣商品時最貴的貨幣

15

把雜事當正事，你就會比別人更靠近成功

別小看你現在正在做的「非業務」工作，
其實那都與「業務」工作相關，
用心且全力以赴的做好它吧！

「生我者，父母；升我者，業務。」

我寫下這句話，主要想表達，是父母「生」育我，使我長大成人；是業務工作讓我「升」級，成為更好的自己。當踏上了業務之途，我知道這不是一條回不

去的不歸路，反而是一條處處充滿驚奇、璀璨絢麗的康莊大道。

先來說說我菜鳥業務生涯的濫觴。

我出社會第一份工作是飯店的財務會計，算是一半內勤，一半外務。內勤工作不外乎打傳票、編報表、核帳等；至於會有外務工作的原因是，要跑多家往來銀行，辦理匯款轉帳、現金交易，以及與銀行放款經辦人員洽談公司融資事宜。

在成為職場新鮮人的歲月裡，主管善待我，同事幫助我，讓我非常享受這份工作所帶來的成就感。後來，我自第二份銀行工作開始從事業務，若要說對第二份工作的業務經歷非常有幫助的關鍵，其實是我之前經歷那一年半跑銀行業務的「外務」使然。

關於「跑銀行業務的外務」這件事，我有兩個概念想要分享。

與人為善，才能掌握機緣

第一，在我的第一本書上寫到，因為母親生重病的緣故，讓我萌生離職念頭，想要專心陪母親走完人生最後一程。有一天，當我到銀行辦理公司業務，告知當時任職華信銀行（現改名為「永豐銀行」）的櫃台人員儷娟我打算離職的想法時，她告訴我銀行正要招考基層行員，問我要不要報名。

那時我突然想到，如果告知母親，離職是為了準備銀行考試，而不是為了全職照顧她，媽媽應該比較會同意讓我辭職。況且，離考試日期還有兩個月，縱使錄取了，離真正上班日又還有一個月，這都讓我覺得陪母親的時間夠充裕。所以，我就向儷娟要了一份報名表，立馬填寫。正是那一次與儷娟的交談，才有機緣開啟我銀行業務生涯的起點。

透過這件事，我想說的是，當時看似純粹「跑銀行業務」，不單只是「跑銀行」而已，裡頭還有與人互動交流的元素。試想，每次我上銀行辦理交易，若只想要完成事情就走人，儷娟與我之間就只是銀貨兩訖的關係，絕不可能是朋友，我也就不會告訴她想要離職的想法。當然，她可能就不會與我分享考銀行的資訊。所以，在這跑銀行業務的過程中，「與人為善，真誠交友」的態度格外重要。

任何小事，只要用心，就會有價值

第二，公司財會部門同事幾乎都是女生，只有主管是男生。也因如此，主管才會想找一名男生來平衡辦公室的陰陽比例。當然還有另外一個因素是，這個男生要負責跑銀行業務。跑銀行業務交給男生的原因是，一來，因為公司位居郊區，銀行幾乎都在市區，車程有半個小時之長，女生較不喜歡外出太久，如果又遇到颳風下雨就更麻煩；二來，有時候跑銀行會提領大筆現金，男生出馬，總是比女生安全。所以，我就順理成章成為公司那位「跑銀行業務」的男生。

擔綱跑銀行業務的外務工作之後，我對銀行內部的作業流程稍有雛形，更因為認識了許多銀行同業朋友的緣故，讓我可以向他們請益。當我筆試成績過關，得以晉級到面試階段，面試官問我相關的銀行業務問題時，我便能侃侃而談，言之有物。等到錄取銀行的職務，正式成為放款業務人員之後，我也就比其他同期的菜鳥更能進入狀況。

對於第二個概念，我想要傳遞的是，其實每一份工作都會與未來的職涯產生巨大的連結。初始成為財會人員，得知自己三天兩頭就要跑銀行，其實我心裡是抗拒的，總會想為何其他同事不用輪流去，都是我在跑。但事後想想，就是因為都是我在跑銀行，讓我更有機會認識在銀行上班的朋友，進而對銀行業務更加了解，最終能帶著自信被錄取。這是一種「功不唐捐，天道酬勤」的意涵，也是我工作多年後才有的體悟。

回首職涯，當自己持續走在「業務與管理」的道路上，我明白「跑銀行業務」是我從事業務工作的源頭。它教會我與人和善相處是一件多麼棒的投資，也讓我清楚知道能交到更多朋友，以及願意多做一些事情，都會帶來好結果。

別小看你此刻正在做的「非業務」工作，其實那都與「業務」工作相關，用心且全力以赴的做好它吧！

不用問人生意義為何，
而是清楚的告訴自己，
每件事都有人生意義。

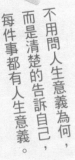

16

大膽開口、誠心分享，做業務最能讓你做自己！

從這位婦人身上學到關於「業務」的三件事：「敢」的心態、「誠」的溝通、「給」的無私，不僅用於業務策略，也適用於人生。

某一天，我到台北出差結束，搭高鐵回台南。當時已是離峰時間，車廂內的乘客不多。我坐靠窗的位置，另一位乘客靠走道，原以為這排座位的中間位置應該沒人會坐了。想不到，車子到了桃園站之後，突然湧進大量乘客，包含她，一位中年婦人，就坐在我旁邊。

在高鐵上滑手機、看書，是我的兩大娛樂。當然，找座位旁邊的乘客聊天也是我偶爾會做的事。前幾年，在發送《步向內心安寧》小冊子時，每次坐高鐵，我一定會向身旁陌生乘客發送這本關於「愛與付出」的小書。當時，自己還挺自豪的，因為分享總是帶來好效果，雖然也有幾次被拒絕，但我還是從中提升與人聊天溝通的能力。

我繼續滑手機瀏覽文章，這位婦人突然拿她的大手機（或稱平板）向我求救。她說，可不可以幫她看一下她的手機為何不能上網？第一時間，我有些吃驚。吃驚的是，在高鐵搭訕別人，明明是我的強項，反而被她先發制人。我轉頭看看她的手機，稍微幫她操作一下，第一次沒有成功。我告訴她，我先用我的手機測試，確認上網步驟是否正確。當下浮現一個念頭，我的3C能力真的不強，要是我也弄不好，會覺得自己很「掉漆」，不過還好她是大媽，不是美眉。

確認手機操作流程後，我再度轉向她，告訴她做法。第一步、第二步……果不其然，手機有網路訊號的符號出現了，當她打開臉書，陸續跳出幾則朋友的訊息時，我和她都非常開心的笑了。我的笑，是還好沒有漏氣（當然也包括幫助別人）；而她的笑，則是可以上網，讀她孩子傳來的訊息，這是一種親情的慰藉。

這件幫忙處理手機上網的事情落幕後，我繼續上網寫我的光陰地圖。「光陰地圖」是我已經執行十年餘的書寫活動。光陰是時間，地圖是空間，由時間與空間構築而成的就是自己的人生，再說簡單點，就是寫日記啦。我會在每天回到家之後，檢視一天的大小事，找出一件值得記錄的事書寫。當日若沒有特殊事蹟可以記錄時，就會自己發想，寫寫心情小語，也算是對這一天交差了。這十年來，因為這種習慣的養成，讓我意外成為作家。不過，由於今晚回家將近午夜，我才會在高鐵上完成。

「這條巧克力給你，」想不到她竟然繼續騷擾我（啊，不是，是謝謝我），她說，感恩我剛剛的幫忙，讓她可以上網。好吧，人家都來第二回了，總是要和她聊聊了。剛好，我的光陰地圖也寫完，上傳臉書了。

我問她，從哪一個國家回台呢？其實在問她之前，我早有定見，因為從她的穿著打扮非常樸素看來，我想應該不離中國或東南亞等國家。她說，澳洲。喔，我馬上又問她，是哪一座城市呢？心裡想著，台灣人到澳洲旅遊，不外乎就是雪梨、墨爾本那幾座大城市而已。當她脫口說出一個我連聽都沒聽過的地名時，我又好奇了，於是問她，怎麼會去那座城市呢？她說，就是去那邊的農場工作啊。這下，又引起我的疑惑，打工度假不是年輕人的專利嗎？怎麼一位大媽也能跑去做？當心中疑惑尚未解開，她馬上說：「我是去幫朋友的忙啦！每年十月都會過去，然後隔年一月回國。」就在這一來一回的互相了解後，話匣子打開，一聊不可收拾。

她今年六十歲，是三個孩子的媽。孩子都已經長大工作，讓她較無後顧之憂，當朋友請她過去澳洲幫忙工作，她便答應了。談話中，她具有兩個特質，讓我驚豔：其一，她談話非常誠懇，毫不掩飾。因為當我問她家庭狀況時，她甚至告訴我她已經離婚。在台灣，「離婚」這兩個字，很多人是不願說出口的，尤其是在陌生人面前說出來，更要有勇氣。她告訴我，年紀大了，走過一甲子，發現人要活得真誠才會開心。她繼續說，長愈大，愈不怕「見笑」（台語），不是因為臉皮變厚，而是懂得誠實做自己。

其二，她真的很會聊天，是業務高手。我告訴她，搭高鐵的時候，都是我搭訕別人，從來沒有人搭訕我，她是第一位。她竟問我今年幾歲？四十六歲，我說。她很自豪的告訴我，她在民國七十五年，也就是我十三歲時，就是一名傑出的保險業務員。她說，找人聊天，與人溝通，對她來說是家常便飯。這番話的言下之意彷彿在告訴我，她是老薑，薑是老的辣。接著，她又繼續話當年的「英雌」事蹟，我明顯感受一件事，就是她很會做業務。

當然，旅途中，她還告訴我許多關於她人生至為重要的事情。但，我想要分享，從她身上學到關於「業務」的三件事。

一、「敢」的心態：做業務，就是要敢講。但要得體，知所進退。多數業務，光是敢講這件事就退縮了。

二、「誠」的溝通：真誠的溝通，是陌生到熟悉的道路。不做作，不虛偽，很容易讓人產生信任感，進而打開心房，無所不談。

三、「給」的無私：先給予，再獲得，不僅用於人生恰當，也適用於業務策略。不要吝於分享，分享才會帶來快樂。

我到台南，她到高雄。我要下車之際，彼此互加臉書，為這段友誼延續可以聯繫的管道。我問她，這條巧克力是哪裡買的？想不到，她還是很真誠的告訴我，坐飛機時，空姐給的。

很好，我喜歡這個答案。

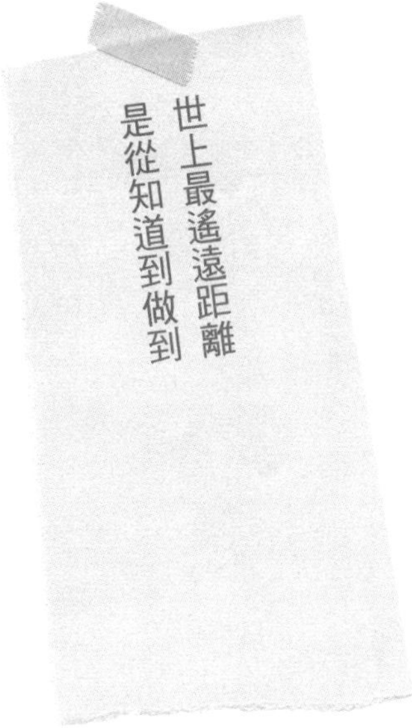

17

客戶體驗若滿意，繼續上門就容易

時間淬鍊想法，讓「識人」成為顧客關係的基石。
經驗淬鍊看法，讓「識相」為成交帶來驚喜。
同理淬鍊做法，讓「識大體」鞏固客戶的忠誠度。

我喜歡在對業務人員的演講場合上，分享這段話：「了解客人的所思所想，需要時間，這是識人；認清自己所處的狀態，需要經驗，這是識相；明白以助人為本，需要同理，這是識大體。識人、識相、識大體，是我投入業務工作持續進步的關鍵。」

接著我會用三個發生在我身上的實際故事，說明我的原意。

關於「識人」的故事

看過我前一本書《從卡關中翻身》的讀者，應該會看過這篇文章：〈學歷不是職場必殺技〉，我在文中描寫從青少年時期就幫我理髮多年的設計師故事。因為光顧數十年的小店已經歇業，逼得我不得不再找其他理髮店。

有一回，開車行經某條巷子時，突然看見一戶掛著已經斑駁的「家庭理髮」招牌。當下吸引我目光的原因有二，一來是我的頭髮已經太長，確實該剪髮了；二來是隱身巷弄沒有人潮的地點，竟然敢開理髮店，一定有它生存之道。就這樣，我停好車，走進去試試「髮器」，看看能不能為自己的頭上造型搞出新氣象。

沒錯，這家老店的老闆不年輕了，年約六十好幾，但笑容可掬的迎接我進門。她一眼馬上知道我是第一次上門的客人，很熱情的和我聊天。坐上理髮椅後，她先問我要剪何種造型，待我告知後，讓我驚豔的好戲就上演了。

她用剪髮超過三十年的專業，細說我的「頭型」與「髮質」應該要剪何種造型，才是最適合我的。這是我剪髮數十年來，第一次聽到設計師這樣與客人溝通髮型。想當然爾，她的建議我充分接納。

她會一邊剪髮，一邊與我聊天，問我貴姓、聊我住哪、工作可好等問題。這就是一種做業務的精神，非得要將我的基本資料輸入她大腦晶片不可的態勢。無庸置疑，她讓我滿意這次的剪髮。而我也在心中自忖，未來的剪髮工程就委託這家了，除非這位老闆又退休了，那就再說。

因為上個月剪髮經驗的好記憶，基於「客戶體驗若滿意，繼續上門就容易」的原則，我再度光臨這家小店。重點來了，我原以為上次和我聊天的內容，這位老闆應該忘光光了。想不到，她竟然告訴我：「吳先生，你來了啊，你家住在新市，沒錯吧？」天啊！這是客戶經營的成功案例。知道我姓氏，又知道我住哪裡，真厲害。

時間淬鍊想法，讓「識人」成為顧客關係的基石。

關於「識相」的故事

我到鞋店買鞋，這家鞋店專賣慢跑鞋，深耕客人有成，生意算是很好。走進門，看見一對年邁的夫妻在店內看鞋。因為店員有兩位，於是一位負責招呼那對老夫妻，另一位接待我。

接待我的店員應該是生手，除了之前我沒有見過外，服務的質感也比較欠缺。反觀，另一位店員，非常熱情招呼這對年約七十來歲的夫妻。不僅告知可以試穿，還頻頻拿出「一堆」鞋，請客人挑選。

因為他拿出的新鞋數量有二十多雙，全部攤在地上，非常壯觀，讓我感到不可思議，也覺得有趣。我便停止挑鞋子，轉而專注看他如何賣鞋。我問這位身材微胖的店員，為何要拿出這麼多新鞋？他回答我，他喜歡讓顧客多一些選擇，又說客人想要買比較便宜的過季鞋款，所以他來回跑到二樓倉庫好幾趟，就是要讓客人一次看個夠。

這對老夫妻見這位店員非常有誠意，人也勤勞，服務更是親切。很快的，便從數十雙鞋中選出喜歡的鞋子結帳。更讓我驚喜的是，原先只是老先生要買而已，最後連老太太也深受這位店員感動，兩人一起買了情侶鞋，讓這位店員的業績大進補。

經驗淬鍊看法，讓「識相」為成交帶來驚喜。

關於「識大體」的故事

有一次到泰國旅行，在清邁飯店的電視頻道聽到電影《為妳說的謊》的配樂，覺得非常好聽，遂對這部沒看過的影片感興趣，興起到住家附近的影片出租店租來看的念頭。

我是個行動派，一回台灣馬上就去租。當我告訴店員，我想要租這部片子，店員用電腦系統查了許久，告訴我店內沒有這部片。我露出疑惑的表情，告知店員：「不太可能吧！這部片的男女主角都非常有名，而且女主角又得過奧斯卡的殊榮，應該不冷門才是。」店員見我說得認真，再查詢一次，還是告訴我真的沒有。最後，我只能悻悻然的離開。

事隔三週，我早已忘記要租這部片子的事。想不到，那位出租店的店員竟然打電話給我說：「吳先生，你要租的片子已經到貨，可以到店租借了。」當下我很納悶，在電話那頭問她：「不是沒有嗎？怎麼又有了。」

她才娓娓道來，當時她看我非常失望的走出店門，於是上網認真查詢《為妳說的謊》的評價，發現佳評如潮，看過的觀眾幾乎都說是好片，便告知店長這件事，再請店長建議公司買版權，租給會員。

經過公司內部討論之後，最終採納這位店員的意見，將這部好片上架，讓會員有機會欣賞這部賺人熱淚的溫馨電影。這個店員示範了什麼是「好服務」，在我看來，這正是「以客為尊，滿足所需」最好的詮釋。

同理淬鍊做法，讓「識大體」鞏固客戶的忠誠度。

最後，我請業務人員注意我想要傳達的三個關鍵字，分別是「顧客關係」、「成交」、「忠誠度」。而這也是我演講的結論：「只有美好的顧客關係，才能帶來成交；再藉由客戶忠誠度，創造穩定的業績。」

18

先認識、先開口、先給予，三招讓別人信任你！

要別人信任你需要時間，
但如何縮短時間，就是各憑本事了。
我的方法很簡單，只有三招：
先認識，再深交；先開口，再多聊；先給予，再獲得。

近年，或許你也和我一樣，在假日或連續假期，不管是隨興還是有目的的行程，到了高鐵站要買票時，才發現要買的班次已經沒有座位了。這時，如果不趕時間，就會買之後幾班有位置的車票；如果趕時間，只好排自由座，賭一把，看看能不能搶到位置。

我有幾次因為沒有預先訂票而身受其害，只好先站後坐。所以，現在學乖了，假日搭高鐵，一定先訂票。

某次十二月的週六早晨，因為要上台北出差，我便提早訂位，讓自己好整以暇，不會擔心沒位置坐。我有一個「怪怪的」舉動，就是到了車站後，如果時間還充裕，我便會去自動售票機按一按，看看高鐵的車票是不是熱賣？

舉例說明，如果我已買到週六早上八點從台南往台北的車票，我會到自動售票機「假買票」，當我按到欲搭車次那個頁面時，若發現只剩下十點過後的班次才有坐票，我心中難免竊喜，「好家在（台語），我提前買票了。」然後取消購票動作，開心的往月台前進。（請問心理學家，這種行為如何解釋呢？）

搭手扶梯，上了月台，映入眼簾的都是帶著大包小包行李的旅客。假日時光，大家出去走走玩玩，刺激台灣的觀光經濟，這是好事。我看著自己車票上的座位號碼是三車七C，緩步走到候車區。

這些年來，或許是樂於廣結善緣，讓我主動認識百千位朋友；抑或是當了業餘作家，演講邀約頻繁，多了許多我不認識、但聽眾認識我的新朋友。恰巧，我在等車時，一家三口從我身邊走過，那位媽媽隨即回頭叫我：「阿德老師，你好，我是無憂花課程的學員，我聽過你好幾場演講喔。」這時，我必定回以燦爛的笑容，說聲謝謝，彼此寒暄幾句，多所交流，為下一次的會面做美麗的安排。當高鐵駛進月台，我拿起手機自拍，將自己與這家人的偶遇拍進記憶裡。

我的位置是C，靠走道。當我坐定，將餐桌板放下，準備拿早餐出來吃的時候，有兩位年輕人推著行李，走到我身邊。原來這兩位的座位，一位是七B，一位是八B。眾所皆知，高鐵賣票的規則是，先賣靠窗（A與E），再賣走道（C與D），最後賣中間的位置（B）。這個規則很單純，B最後賣，就是讓買A與C的乘客之間有空出來的距離，不會覺得位置狹隘。

可以猜得出來，這兩位年輕人一定太晚訂票，才會買到B。若他們是同行的朋友關係，只剩下B的位置，兩人還會被拆散，更是不理想。

我馬上收起餐桌板，讓七B的年輕人走進來，同時，我也看著前方坐八B的乘客入坐。由於聽到他們交談，我隨即斷定兩位應該是朋友關係，要一起前往目的地，只是太晚買車票，才被隔開了。

為了確認他們兩位是否為朋友，我開口問坐在我身旁的年輕人：「你跟坐在前面的乘客是朋友嗎？」「是啊！」他很快的回我。我就說：「要不要請你朋友來坐我的位置，我去坐八B。」「真的嗎？這樣會不會不好意思。」這位大男孩很靦腆的回答。「不會啊！我只有一個人，這樣你們在車上可以聊天，不是挺好的嗎？」我如是說。

就這樣，我的位置換到八B。看著他們兩位原先被「無情拆散」，最終又能夠「團圓」在一起，我的心也滿暖的。當有這個美好的「第一類接觸」後，我的「業務癮」又發作了。我問他們的第一句話是：「為何會上台北呢？」我這才知道，他們是要參加明天台北馬拉松比賽的選手。

因為聊到跑步，我的「業務癮」一發不可收拾，索性轉頭和他們繼續閒聊，以下是我和這兩位素昧平生的年輕人聊出來的內容：

第一、兩位都有很好的職業，一位在南科的晶圓大廠工作，一位在零售業龍頭上班。

第二、他們是因為熱愛跑步，加入跑團才認識的，平常都在成大的光復校區練跑。

第三、或許因為都熱愛運動，個性較為陽光開朗，當我提出互加臉書時，他們很快就和我成為「臉友」。

有趣的事情發生了，成為臉友後，兩位年輕人便透過臉書上的資訊和我互動。在科技廠工作的堃睿先對我說：「你認識我們共同的朋友洪培芸嗎？她是我的國小同學耶！」我說：「培芸是我在演講『寫作課』的學生，她是一位優秀的心理諮商師，最近也知道她要出版第一本書了。」堃睿頻頻點頭，對我的話感到認同。

當我細看在零售業上班的秋杰臉書內容時，我才知道，他是台南大學體育系的高材生。拜過去這幾年常到台南大學演講的經驗，我和秋杰之間便也有了更多的話題與連結。當我向他小炫耀我的兒子也是學校田徑隊，用五十多秒的時間拿到學校運動會四百公尺金牌時，他說他跑四百最快的紀錄是四十八秒，我就語塞了，然後露出驚訝狀。

我們後來真的是聊開了，為了讓他們更加了解「緣分」這回事，我告訴他們一個很「神奇」的故事。

幾週前，我到住家附近的簡餐店吃午餐，看到一位外國人帶著母親來包便當。聽到他與老闆的對話，他的「國語」程度之好，簡直讓人不敢相信。我的好奇心發作了，便開口問他：「不好意思，可以請教為何您的國語講得這麼標準呢？」「我是在台灣出生的，講國語當然沒問題。」這位外國人笑笑的回答。

有了好的破題，不怕後面沒話題，我們就這樣聊了起來。這位外國人名叫葛斯柏，是德國人，因為父母來台灣工作才生下他，他便是土生土長的台灣人。我進一步掏出名片給他，介紹我的工作。想不到他也很大方的掏出名片，和我交換。在他等便當的時間裡，不到五分鐘，我和他已經互加了LINE，打算未來藉由通訊軟體的聯繫，可以進一步認識彼此。

回到家，我寫了一些訊息給葛斯柏，算是向他補自我介紹，也希望他藉由文字內容了解我是什麼樣的人。很快的，葛斯柏也回傳他的基本資料，我才知道這位德國年輕人是留英的理工博士，也是作家。「賴」來「賴」去之後，我們相約在未來的幾週內見面，好好喝杯咖啡，暢談人生。我告訴葛斯柏，我從未去過德國，如果有機會去他的故鄉慕尼黑，那就太棒了。葛斯柏說，他很願意當嚮導，帶我一遊德國。

講到此，真正神奇的事尚未發生。我繼續向這兩位年輕人說出下面的情節，這才是會讓人下巴掉下來的事。和葛斯柏認識幾天後，我在一個上班日中午外出用餐，當我走進這家其實不常來的簡餐店時，竟然看到葛斯柏就坐在裡面，剛要點餐。我驚喜的叫出他的名字，葛斯柏也很驚訝，我們竟然不期而遇，在同一個時空出現。後來，我們共進午餐，又聊了一個小時，無庸置疑，友誼的進展更邁進一步。

我告訴堃睿與秋杰，人生的緣分就是這麼好玩。只要願意用心過生活，生活必給我們精彩的人生。

聊著聊著，高鐵列車也就開到了台北。因為我只到板橋，便向他們二位告辭，也預祝他們跑出好成績，待回台南後，有機會再聚。

人生乏味嗎？不會，只要多接觸人群。人生無聊嗎？不會，只要多開口聊天。人生會有趣，是因為你把生活當遊戲；人緣會成長，是因為你把緣分當養分。

我常說：「人脈是業務之本，信任是人脈之石。」要別人信任你需要時間，但如何縮短時間，就各憑本事了。我的方法很簡單，只有三招：先認識，再深交；先開口，再多聊；先給予，再獲得。然後記住這句話：「若是有緣，再續前緣；若是無緣，何須誓言。」

熱情是一根火柴，
雖然是小小火苗，
卻能燃燒大宇宙。

19

認識王建民——原來，不是路的盡頭到了，只是忘了轉彎！

客戶經營不是一下子，而是一輩子，
當王建民沒有加我的LINE，就想辦法繼續努力。
找出方法，永不放棄。

有時候你不得不承認，「否極泰來」這句成語真的有大數據的根據。

在發生等一下要說的「好事」之前，我連續遇到了兩件「鳥事」。先是原本要搭的高鐵班次因為路上塞車沒搭上，再來是到了高鐵站之後，排隊買東西又被插隊。這兩件事情讓我心情不美麗。

但接下來發生的好事就蓋過剛剛這兩件壞事。好事是，我遇見王、建、民。

或許是錯過前一班車的緣故，讓我有時間不疾不徐的漫步到第九車廂候車。就在月台行走之際，我看到距離我眼前十公尺的椅子上，坐著一位看似王建民身影的帥哥。當我走更近時，我確信他就是王建民了。

在這當下，你會和他打招呼嗎？無庸置疑，這時候，如果你是外向的人或是業務人士，應該都不會錯過這個可以認識大人物的機會。

「請問您是王建民嗎？」基於禮貌，我還是保守發問。

「是啊！」這是他回我的短句。

「很高興遇見您，我在大聯盟最關注的兩位球員，一位是您，另一位是鈴木一朗。」我開心的告訴他。

「謝謝！」他還是簡短俐落的回答。

「請容許我介紹自己，我在迷客夏工作，也是一位作家，因為長期關注您與鈴木一朗的動態，寫了幾篇關於從球場看職場的文章。對了，鈴木一朗小我十天出生，你就知道我多麼關注棒球。」我有條不紊的說著，並從胸口掏出名片拿給他。

「從你的臉上看不出年紀耶。」我講完上一段話之後，他稱讚我的年輕。

我開心告訴他：「若不是剛剛塞車，沒搭上前一班車，我就沒有機會遇見您。我要去台北開會，您也是去台北嗎？」「是啊，我也是要去台北。」他回答。

在三分鐘閒聊之際，我心想，若能夠與他留下合照，一定是很棒的事。而我也知道，火車即將進站，這場短暫的邂逅時光將隨即結束。於是，我向他提議：「可以拍照嗎？」他說好。我立刻從口袋掏出手機，完成與他的第一次合照。

在月台傳來廣播聲，說車子即將進站的那一分鐘時光，我告訴他，若不介意，只要將我名片上的號碼輸入手機裡，就可以加我的LINE。我接著說，若方便的話，加完LINE之後，希望他留下地址，我想要寄上我的職場勵志書給他，當成見面禮。我一說完這句話，高鐵列車就緩緩的進站，我用最熱情的微笑向他道別，快步跑向第九車廂，而我知道，他應該是坐在與我會面點的第六車廂。

一跳上車，我的心情是非常雀躍的，彷彿剛剛遇到鳥事的陰霾皆因看到王建民而一掃而空。我再度拿出手機，一來看剛剛與他自拍的合照是否拍得燦爛自若，二來也打開通訊軟體，期待建民加我的 LINE。

在車上的時間，我一面回味剛剛與建民的美好邂逅，一面看著等會到台北開會要用的文件。列車疾駛，很快就到了桃園站。我再度拿出手機，瞧瞧建民有無加我的 LINE。答案是：沒有。說實話，這很正常，要讓一位剛認識的新朋友馬上加 LINE，還是有難度的，更何況對象是王建民。

重點來了，如果你真的很想要加到王建民的 LINE，你該如何做？（請想個一分鐘）

我自己也快速的沙盤推演，想想如何取得建民的信任，並加到 LINE。一位成熟的業務，不管是在面對陌生客戶的開發，或既有客戶的耕耘維繫，乃至於經營客戶、介紹客戶的模式，一定都有章法可言。我冷靜思考，讓自己處在一種頂尖業務想要開發金字塔高端客戶的狀態。然後，我想到一個方法。

我的正向思考是，既然建民沒有加我 LINE，那就讓我去加他的吧！

搭過北上高鐵的朋友一定知道，桃園的下一站是板橋，板橋的下一站是台北，最終是南港。而板橋站到台北站約莫只有五分鐘，我即將施展「業務的關鍵五分鐘成交法」。

業務的關鍵五分鐘成交法

業務的關鍵五分鐘成交法，泛指在銷售過程中，含金量最高的關鍵時刻。在這五分鐘內，業務人員要取得事先設定的目標，舉凡業績、客戶名單、客戶對業務的允諾等事項都算。

做過業務的人都知道，業務的成交系統，一定是從認識到熟悉，到信任，再到有需求，最終評估後，達到成交。在這個系統裡，認識、熟悉、信任，這三點是要花最久時間經營的，也是許多業務人員鎩羽而歸的罩門，原因無他，人們喜歡向信任的人買東西。而需求、評估兩點，則是要看當時的需要程度與比較之後所賦予的價值。至於成交，就是在天時、地利、人和匯聚之下的最終結果。

雖然我的目的地是台北站，但到了板橋站後，我旋即從第九節車廂下車，在月台用快跑的節奏穿越第八與第七車廂，最後跳上第六車廂，尋找建民的蹤跡。

明眼人應該已經懂得我要做的事情，就是趁列車在板橋車站啟動、將到台北站下車的這五分鐘，我想與建民二次交流。

衝進第六車廂後，很快的就讓我一眼看到建民。我走到他座位旁邊，再度用熱情的笑容對他打招呼，然後露出稍稍不好意思的表情，告訴他我的手機沒有收到加LINE的通知，接著問他，可否用行動條碼掃描加友。

這是當下最緊張的時刻，用求婚的場景來解釋，就是一方講出：「請嫁給我，好嗎？」另一方回答：「好的，我願意。」這般的充滿雀躍喜悅之情。

沒錯。建民在我問他意願之後，拿出了手機，打開LINE，亮出QR Code條碼，讓我掃描。YES！我成功了。

從此，我知道一件事。就是我和建民的關係，不再只是擦肩而過的緣分，未來還有機會透過LINE，成為更好的朋友。

我想要用邂逅建民的故事，來解釋關於「做業務」應該要注意的五件事。

第一、大膽開口，熱情握手：業務不是不能內向，只是內向機會比較少。訓練自己先開口說嗨，換得對方真情相待的機會較高。其實走在我前面的旅客，幾乎每個人都看到了王建民，只是他們不敢過去聊天而已。

第二、自我介紹，要有亮點：不論是在社交場合認識新朋友，或是拜訪新客戶之際，都應該要說話得體，讓人驚喜。我在與建民的互動當中，很快的做自我介紹，我的關鍵字有兩個，分別是「鈴木一朗小我十天出生」與「作家」。

第三、不卑不亢，態度謙和：不要因為自己是業務，就覺得低人一等。用專業建立自己的自信，用服務打造自己的風評。當我第一次向建民告辭時，我希望他輸入我的手機號碼加LINE，代表我和他平行，並不會覺得他是名人，我是凡人，就矮他一截（雖然身高真的矮他一截）。

第四、找出方法，永不放棄：不是路的盡頭到了，只是忘了轉彎。方法很多，只怕不願嘗試罷了。當建民沒有加我的LINE，就想辦法繼續努力。一旦你真心誠意想要做一件事，全宇宙都會幫你。而我會善用板橋到台北的五分鐘，其實是有原因的。因為多數人不喜歡被打擾，而我在那段只剩下五分鐘的時間找建民，讓他不會有壓迫感，因為馬上就要下車了。

第五、持續聯繫，友誼如戲：客戶經營不是一下子，而是一輩子。當客戶願意向你購買東西，不單只是銀貨兩訖的關係，更是信任你具有售後服務的能力。和建民加了LINE之後，我細心呵護這個善緣，把我寫的文章傳給他看，也寄去兩人的合照，目的只有一個，就是未來能夠互通有無，讓關係非常舒服自在的發展下去。

鳥事變好事，「否極泰來」這句成語是最佳詮釋。

選擇比努力重要，
方向就是選擇；方法就是努力。
方向不對，努力白費。

第四章

品牌力

你認識誰不重要，
重要的是誰認識你！

20

讓名片幫你開口談生意！

名片是職場身分的代表，
猶如每個人都有身分證一樣重要。
因為一張名片的交換，
可能有機會在某年某月的某一天換來一筆大訂單。

曉琳任職某家科技公司的人資部門，擔任教育訓練的執行工作。在一次飯局，朋友介紹我認識這位青春洋溢、剛出社會兩年餘的菜鳥。因為她就坐在我旁邊，在整桌來賓都還不怎麼熟悉的狀況下，找身旁的人聊天，交到新朋友的機率是最高的。

我們挺有話題聊的，聊的內容不外乎是人力資源的各個面向，從人才招募、薪資政策、教育訓練等。曉琳是國立大學人資所的高材生，辦訓是她的興趣，也是從中向各領域老師學習新知識與技能的好機會。

結束聚會，為了與曉琳有機會進一步認識，我們拿出手機加了臉書，成為臉友。我又遞出我的名片，準備跟曉琳交換。想不到她告訴我：「吳大哥，真是不好意思，我是公司的小咖，沒有名片啦。」我有些驚訝的說：「什麼？妳是忘了帶名片，還是沒有印名片呢？」「沒有印名片。」曉琳不好意思的回答。我接著說：「妳已經進公司多時，又是辦訓的窗口，理應會與很多老師或客戶接觸，沒有名片，怎麼自我介紹呢？」曉琳被我這麼一問，有些支支吾吾，面露難色的說：「公司就是這樣規定啊。」

曉琳是公司的內勤人員，又說在公司她是小咖，所以沒有名片。這個理由或許還說得過去，但如果換成公司的業務人員，可以沒有名片嗎？我想大家答案應該是一致的，就是：「不可能，一定會有！」

我告訴曉琳：「或許公司認為妳的頭銜還不到印名片的職級，但因為妳需要代表公司對外聯繫許多事情，沒有名片真的不妥。」曉琳頻頻點頭認同。

名片重要嗎？我認為非常重要，尤其對業務而言，更是不可或缺。

名片不僅代表自己是哪家公司，上頭也有印公司或個人的電話號碼與電子信箱，是一種很容易讓人聯繫的管道。打從出社會第一份工作，我就有了人生的第一張名片。雖然當時的工作是財務人員，但因為要對各家銀行接洽相關業務，必須方便聯繫，主管便幫我申請名片。至今，只要是我待過的公司，或因為頭銜變動，必須重印名片，我都會保留一張，見證自己的職涯發展史。

記得剛成為菜鳥業務的第一年，因為沒有足夠的客源，我每天幾乎都要掃街發ＤＭ，讓自己多認識一些新客戶。當時，我還因為發ＤＭ而想出「遇人則發，見箱即插」這句八字箴言。我告訴自己，不要害怕被拒絕，也不要因路人的外表或穿著而決定要不要發給他；另外，只要看見信箱，有機會就投進去。也因為陌生開發非常勤勞，當遇到有人願意和我交談，名片便是派上用場的時候。

通常，在這種尚無信任基礎的狀態下，對方想看你名片與ＤＭ上的公司是否一致，是非常合乎邏輯的。所以，在我早年當業務時，我就覺得名片非常重要。

等到業務做久了，客源基礎穩固，名片能夠發揮的功用又是另一種等級。我舉自己為例，因為已經有客戶的認同，我會給非常支持我的「樁腳」約莫十來張名片，意思就是提醒這群挺我的客戶，請他們幫我介紹客戶，正所謂「客戶是寶，愈多愈好」。因為他們只要遇到有業務需求的朋友，就會幫我發名片，介紹我是怎樣的一個人，於是讓我在業績的開拓上如魚得水，無往不利。

時至今日，雖然已經升任管理職，我依然感受到名片的重要性。撇開「沒有名片你是誰？」、「頭銜難道是衡量成功的關鍵嗎？」這類對人生意義的哲學性探討不談，我覺得名片是讓對方快速認識自己的好方法。尤其當自己具備某項專長或榮譽，如會計師、律師，不想要說出口，避免讓人覺得驕傲，當對方看到也就明白價值，彷彿是名片幫你說話了。

我想要分享一個關於名片為我帶來正向結果的好故事，這是影響我職涯極為重大的事件。多年前，當我還在京城銀行任職時，因為獵人頭公司的介紹，讓我有機會接觸到遠東商銀的總經理洪信德先生。記得當時，我主動向他交換名片。

後來，雖然遠東銀行給我聘書，但我沒有去報到，卻也因為這張名片的關係，讓我得以有機會繼續與洪總保持聯繫。

經過兩年後，基於在京城銀行已擔任三年多的分行經理，歷練尚稱完整，再加上自己想要更上一層樓，接受挑戰，便毛遂自薦與洪總聯繫，告知自己的想法。想不到，很快就得到洪總的回應，邀請我一起加入遠東打拚。所以，從整個事件的發展來看，如果當初沒有與洪總交換名片，我大概不會有馬上加入遠東銀行的機會。而進遠東銀行上班的那六年時光，的確是影響我人生很重要的關鍵。

名片是職場身分的代表，猶如每個人都有身分證一樣重要。我身上有名片夾放名片，也會在公事包或車上各放一盒名片，以備不時之需。我強烈建議業務人員更應該要備妥名片，因為一張名片的交換，可能有機會在某年某月的某一天換來一筆大訂單。當然，前提是你要夠努力，也要懂得耕耘客戶才行。

對了，補充說明一件事，幾個月後，當我又遇見曉琳時，她竟然主動遞給我她的新名片。她告訴我，因為我的衷心建議，讓她主動找主管談印名片這件事，也獲得主管的認同。我答道：「好極了。」

泛泛之輩
只要準備
努力加倍
也是前輩

21

做人真誠，便能與知己相遇

朋友不單只是錦上添花的友情，
更要有雪中送炭的患難真情。
交朋友貴在真誠，
用業務的精神交朋友，更容易成交。

我們在學校當學生，學習很多知識；我們出社會工作，也學得很多技能。但若知識不會活用，就只是書呆子；若技能不懂變通，頂多就是練家子。

幾年前，當我認識劉恭甫老師（人稱「功夫老師」），看見他能將「知識轉成解決問題的方式」、「技能轉成創新運用的無所不能」功夫後，我便知道要將這位仁兄好好收藏在我的人脈寶盒。

我們相識，緣分起於一篇《商業周刊》對他的報導，當時斗大的標題寫著「台灣工程師教創新，價碼兩岸最高」。採訪的內容圍繞他在一片紅海的企業內訓講師生態圈，如何殺出重圍，以「創新」為主軸，定調他王牌講師的地位。

藉由雜誌的專訪，讓我對他產生好奇。心中想著，這位年紀與我相當的老師，為何會在中年轉業，放棄人人稱羨的科技新貴工作，轉戰廝殺激烈、不是餓死就是累死的講師行業。

如同我之前的書上所言：「友誼開始初，記得加臉書。」很快的，我就和恭甫兄成為臉書上的朋友。在那成為臉友的前幾個月，彼此會按讚、留言，但就是緣分不具足，尚未見面。後來，有一次瀏覽他的臉書動態，發現他原先只辦台北的「超級創新力」公開班，竟然要加開高雄場。這對長住南部的我來說，想必是認識功夫老師的最好機緣。二話不說，我便報名這個整天的洗腦課程。

當天，明明第一次見面，我們卻一見如故，彷彿已是多年的朋友。不得不承認，臉書其中一項功能，就是拉近友誼距離。在那整天七小時「創新」的學習洗禮，我逐漸了解恭甫兄的專業與價值。也確信，他能江湖闖出一番名號，絕非浪得虛名。

晚間回到家，我在臉書上義務幫他打廣告。我寫的內容如下：

這是一堂「無價」的課程。課程名稱為「超級創新力」，授課老師是人稱「功夫老師」的劉恭甫。今天與大師過招，感覺很爽，感受很棒。也透過今天當學生的身分，將創新的招式溫故知新一番。「行家一出手，便知有沒有。」我上的課無數，能讓我稱讚的不多。功夫老師創新的名號果然了得，結合他數十年的工作經驗，加上實務的創新精神，融合成一堂有深度、有廣度的思考課程，是我很推薦大家來上的一門好絕學。創新的流程與招式經由老師的傳授與分享深植我心，我將帶著這份祕笈，好好應用在職場與生活上。別等了，趕快去報下一期的公開班吧。

而恭甫兄當晚看見我的大力推薦非常感動。這場美麗的邂逅時光，為彼此成為好友埋下善的種子。

有了美好的「第一類接觸」，我們開始情義相挺，互助合作。我常說，朋友不單只是錦上添花的友情，更要有雪中送炭的患難真情。我用兩個例子說明，第一個例子是他幫我的過程。當我出版第二本書，跑全省巡迴講座時，到了新竹場，恭甫兄竟然排開課程，現身力挺。甚至又邀請我上他的廣播節目繼續打書，他在廣播節目的開頭是這麼介紹我的：「只要你跟吳家德接觸一分鐘，就會立即被他的熱情感染，我相信這本新書也有這種魔力。」這句話，我記到現在。

第二個例子則是我盡地主之誼的回饋。近年來，恭甫兄只要到台南授課或旅行，我便是他的嚮導，帶他嚐美食，逛景點，讓他愛上台南。除了吃喝玩樂外，也幫他在政大書城及佛光山南台別院安排講座，拓展南部的讀者客群；再因我到迷客夏上班後，精心安排他到總部幫同仁上一堂創新的課程，這些都是有來有往的好回憶。

我真實發現，他是我認識的朋友當中，最懂得「設計人生」的益友。原因有三：第一、他的思辨力超強，有「打破砂鍋問到底，還問砂鍋在哪裡」的氣勢，邏輯思考的能力讓你臣服。第二、他的業務力超強，有「說到做到」的決心，目標導向的風格讓你佩服。第三、他的創意力超強，有「用心發現，潛能無限」的魔法，創新思維的格局讓你折服。

他的書《X計畫》中有一段文字我很喜歡：「我開始在部落格大量撰寫跟創新相關的文章……我就是持續寫，按照自己認為對的方向寫。……我把每一堂課當成最後一次上課，希望讓客戶與學員留下正面的評價。」我覺得他「把熱情當起點，用練習走到終點」的業務精神，是他成功的關鍵。

認識恭甫兄的善緣過程，我想要用三個業務觀點來詮釋。

第一、在職業生涯都當過業務，對「人脈」能帶來業務提升，見解相同。

第二、在業務生涯深知專業的重要，對「學習」能強化業務，深信不疑。

第三、在專業領域找到自己的天賦，將「業務」當成好生意，樂此不疲。

交朋友貴在真誠，用業務的精神交朋友，更容易成交。

我總是告訴自己，
可以助人是利己，
若想成功不擁擠，
行善利他多補給。

22

你認識誰不重要，重要的是誰認識你！

人脈的終極目的是利他。
因為做了業務，讓我認識更多人，
再經由人脈的整合，
達成「業績成長」與「幫助別人」的雙重好處。

李代書是我多年的朋友，我們曾經在銀行業務上有過密切的合作。更直白的講，他介紹許多好的放款案子給我，是我業務的「大樁腳」。

有一回，李代書在臉書發文，他是這麼說的：「請問臉書的朋友們，有沒有人認識成大醫院腸胃科的王醫師，我因為肚子疼痛難耐，想要去掛他的診，網路查詢得知他是位名醫。若有人認識關照一下，應該更好……。」

此文一出，得到極大的迴響。許多他的臉友，不管熟或不熟，紛紛在下方留言。我細數留言，有三、四十則，但就是沒有讀到任何一位朋友告訴李代書，他們認識王醫師這件事。

留言可以分成兩大類。其中一類大概是他的摯友，幾乎都在罵他，內容多是這種留言：

「我好早前就叫你不要喝酒，喝酒傷身，你怎麼都沒在聽話啊？」

「李代書，上次我介紹你吃的保健食品，對腸胃消化系統很有幫助，你到底有沒有在吃啊？」

「哎呀，明天我去找你，教你做腹部體操，可以改善疼痛啦。」

「你一定要早點睡，身體不舒服都是熬夜造成的。」

另外一類，可能因為不認識王醫師，只是李代書的臉友，素昧平生，所以也就愛莫能助，只能留下「保重」、「早日康復」、「平安喜樂」等獻上祝福的話語。

我，也不認識王醫師。但我思索著，該如何幫助李代書。想著想著，我突然想起吳醫師或許有機會幫忙。

幫助別人，捨我其誰

大概從三十歲起，我對幫助別人就有一種「捨我其誰」的價值觀。會有這種觀念，除了老祖宗的名言「施比受更有福」深深烙印在我心外，我問自己，為何我一個原本內向的人會有這樣的人格特質呢？我找到的原因是「做業務」。

「做業務」與「幫助別人」有何關聯呢？答案是「人脈」。大家都同意，業務工作就是「與人打交道」的工作。當你認識的人愈多，能夠發揮的影響力也就愈大；影響力愈大，幫助別人的機會也就愈大。這是一般人皆能認同的人脈觀念。

常言道：「你認識誰不重要，重要的是誰認識你。」我相信那個「誰」，就是對你至關重要、能夠產生價值的人。當愈來愈多的「誰」認識你，對於從事業務工作就有極大的加分作用。我舉個簡單的例子，也是真實的故事來說明。

「非業務關係」的服務才能打動人心

我成交了一位大客戶陳董，除了業績進補外，我一定希望與陳董保持好關係，期待他再繼續購買或介紹新客戶。有一天，與陳董閒聊時，他突然問我，有沒有認識好的鋼琴老師，他女兒想要學鋼琴。想當然爾，如果你是業務，又有擔任鋼琴老師的朋友，你一定會告訴陳董，你可以幫忙介紹。

當時，我告訴陳董，我認識兩位鋼琴老師，一位師法古典，一位擅長爵士，兩位老師都是我的好友，皆可以請這兩位老師幫忙，請問他要哪一種？

可預見的結果，陳董非常滿意我這次「非業務關係」的服務，讓他女兒找到鋼琴家教。而這兩位朋友也都很謝謝我的介紹，讓他們有賺錢的機會。這就是我想要說的，從事業務工作，不單只是做業務而已，而是串起周邊的人脈，做更多非業務關係的「服務」，打造一種業務的人脈系統。短期看似對業績沒有立即的幫助，長遠來說，卻能倒吃甘蔗，愈來愈甜。

簡單來說，若能認識更多的人，就有可能幫助到我的客戶；若能幫助到我的客戶，他們對我的服務一定更滿意；對服務更滿意，就能轉化成下一次成交業績的機會。而不論是在重複購買，或是介紹新客戶上，這都是機會。

求助，讓彼此有來有往

讓我們繼續聊聊李代書那件事的後續發展，前面提到吳醫師或許可以幫助李代書。吳醫師也是成大的醫師，但他不是腸胃科，而是家醫科的醫生。我會認識他，起因於我們共同參加幾次演講活動。雖然彼此不是很熟，但加了臉書，成為朋友。關於將臉書運用在人脈經營上，我常說這段話：「臉書似名片，真假看得見，友誼開始初，記得加臉書。」或許，我與吳醫師並沒有交流太深，但因為有過幾次在臉書互動的機會，便想不妨問問看。

我發私訊給吳醫師，說明來意：「吳醫師，您好，很冒昧打擾，我有一位朋友因為肚子痛，想要掛腸胃科王醫師的門診，想說您們都是成大的醫生，雖然科別不同，不曉得您是否認識王醫師？」不到五分鐘的時間，吳醫師馬上回我訊息，讓我喜出望外。他說：「哈哈，真巧，王醫師是我讀醫學院的學長，我可以轉告他，很樂意幫助你的朋友喔。」

我說：「太棒了，非常感謝，若我的好友李代書下週掛到王醫師的門診，馬上請您幫忙。」經過這事，我與吳醫師便互留手機號碼，建立若有急事便可以馬上聯繫的快速管道。

結束私訊後，我興奮的打電話給李代書，告知他此訊息。

一週後的上班早晨，李代書打電話告訴我，他已經到醫院排隊掛到王醫師的門診，希望我能轉告吳醫師，請求王醫師的協助。當下，我即刻聯繫吳醫師請求幫忙。

五分鐘後，吳醫師回電告訴我，他已經轉達他學長，確認沒有問題。

接近中午時分，李代書又打了一通電話給我，向我說聲謝謝。他說：「家德，非常感謝你的幫助，經過王醫師詳實的檢查，我清楚知道自己的身體狀況了。」我答道：「不客氣，這是身為朋友應該要做的。」

之後的日子，李代書更進一步接受王醫師的診察與建議，順利安排住院治療。

化善意為行動，才能循環不息

過了幾週，我在台南政大書城舉辦我的第一本新書發表會。演講結束，好多朋友買書排隊請我簽名。就在即將完成最後的簽書工作時，我抬頭一看，竟發現李代書抱著尚未復原的身軀，緩緩向我走來。我驚訝的說：「李代書，您不是還在醫院嗎？怎麼跑出來了？」他回答：「家德，今天是你的首場新書發表會，身為好友的我，當然一定要來支持啊。沒事的，我已經向醫院告假了。」

我用極為感動的表情向李代書致意，而李代書則對我比出一個「讚」回應，這完全呼應我常說的一句話：「人脈的終極目的是利他。」因為做了業務，讓我認識更多人，再經由人脈的整合，達成「業績成長」與「幫助別人」的雙重好處。

常言道，「助人為快樂之本」；而我想說，「業務為助人之本」。這都是好事啊。

工作上的成就感，
不單只是要賺錢，
還包含幫助別人，
帶給別人幸福感。

23

當一位「兩廣總督」的業務，讓業績愈做愈好，愈做愈輕鬆

從「廣結善緣」與「廣植福田」開始，就有機會認識更多新朋友，使得「人脈」存摺更加豐厚，也讓「業務」契機無所不在。

我喜歡在演講場合逗趣的說我是「兩廣總督」。

當然我所說的「兩廣總督」絕對不是明清時代轄下廣東與廣西的官吏，而是「廣結善緣」、「廣植福田」兩個帶有廣字的代名詞。之所以會說到「兩廣總督」

這個詞，不外乎是在演講當中聊到兩個關鍵字的連結，一個是「業務」，另一個是「人脈」。

為何「兩廣總督」與業務、人脈有關聯呢？我想要說一個打從幾年前一直延續至今還在上演的小劇場。

身兼知名作家與媒體人的蔡詩萍大哥出版兩本書《回不去了。然而有一種愛》及《我該怎麼對妳說：日常即永恆》時，因為這是詩萍大哥闊別十年才又出版的大作，身為他的好友，我當然要用行動支持。

我的支持方式很簡單，就是買二十本書送給客戶或朋友。先說說我買書送親朋好友的經驗談。十多年前，我還在擔任銀行的分行經理，業績是考核分行績效優劣的最大占比。想當然爾，每位主管都會盡力達成公司訂定的ＫＰＩ，而達成的關鍵指標絕對是客戶的成交率高或低。無庸置疑，客戶從「滿意度」到「忠誠度」的營運面積，便是兵家必爭之地。

在金融百貨大家都賣同樣理財商品的年代，如何在「價格」相同的前提下，用「價值」勝出，就是業務的絕學。我想到的一個好方法，就是送分行ＶＩＰ

客戶一本書。而且，這本書最好是客戶原本就心儀作家的簽名書。也因為這個創新的行銷方法，讓我立下每年想要認識十位作家的心願，才得以讓我的客戶都有機會拿到好書。

十多年來，我認識的作家早已超過百位，當這個習慣養成之後，每當有作家好友出版新書時，我便會自掏腰包，買一批書送給客戶或朋友。

再回到前面提到買詩萍大哥新書一事，除了買二十本書之外，我又做了一件「分享」的美事，就是撥出其中五本，透過臉書的留言，讓我的臉友或詩萍大哥的臉友有機會得到簽名書（只要po文tag詩萍大哥，而他又願意分享在他的臉書上）。通常，我會讓臉友有三天的留言期，以便累積更多留言，再一次抽出五位幸運兒。

記得那一次的留言非常踴躍，大概有七十幾位朋友留言想要得到詩萍大哥的新書。因為中獎率只有個位數，我也在留言版告訴沒有抽中的臉友，我可以代購新書，再讓詩萍大哥簽名。後來這次活動，我總共又加買五十本，只能說反應熱烈啊。

用善意吸引善意

這五位被抽中的幸運兒中，就有一位不是我的臉友，而是從詩萍大哥那邊連結過來的臉友，她是黃瓊瑤小姐。因為我與瓊瑤小姐不熟，只能透過臉書的私訊聯繫，詢問如何將書送給她。瓊瑤家住高雄，得知中獎後，非常開心。她告訴我，她很開心能得到這本書，因為她原本就是詩萍大哥的書迷。基於不好意思讓我郵寄破費，她想要親自到台南找我領取。

幾天後，我們依約見面。我不僅將詩萍大哥簽上「瓊瑤」兩字的新書拿給她，也一併送她我當年的新書《成為別人心中的一個咖》，算是一種買一送一的概念。我們坐在咖啡館閒聊許久，在對彼此都稍有認識的狀態下，又加了臉書，成為既是臉友，也是真實世界的朋友。

因為一本書進而認識瓊瑤的這個機緣，我開始累積一連串後面無法想像的人脈存摺與業務機會。且請聽我娓娓道來。

因為瓊瑤是高雄某協會的幹部，她便邀請我到協會演講（其實是辦一場我的新書發表會）。在那一場演講，我多賣了一批書不談，主要是這個協會有一群牙醫師會員在裡頭，讓我得以在往後的日子有機會認識這群醫師。

那場演講得到極大迴響，一個月後，我收到一則簡訊，是一對牙醫師夫妻永山與帛霓來訊告訴我，他們想要邀請我到他們位在嘉義的診所辦一場我的新書發表會。基於能多打書，又能認識新朋友，我當然是非常願意的。基於禮貌，我先行到診所與永山、帛霓相見歡，確認後續的演講細節。兩位牙醫師在嘉義經營事業非常有成，人緣也極佳。在那一場講座當中，整個診所擠爆了近百名聽眾，除了二十位院內同仁一起參與外，也請來診所的病患及永山醫學院的數名同學一起聆聽。

上述是我認識瓊瑤之後所衍生的第二場講座。同樣的，書多賣了數百本不說，主要是我又從中認識兩位永山的醫學院同學，一位是柏豐醫師，一位是崇文醫師。而這兩位醫師在高雄也都是院長等級人物，將診所經營得有聲有色。若要將此人脈延伸說得更有價值些，只能說兩位醫師後來不僅都邀請我到他們的診所演講，也由於和我關係互動頗佳，均成為我當時的銀行客戶。而成為客戶的條件，有兩個關鍵要點，其一是「有需求」，其二是「夠信任」。

這些年，因為認識瓊瑤而「廣結善緣」的緣故，我分享兩個好處。第一、我認識數十位牙醫師，只要我的朋友同事們請我推薦牙醫師看診，我的口袋名單很多。第二、這群醫術精湛的醫師朋友，他們愛心不落人後，每當我推動公益活動，想要找人幫忙時，他們都很樂意有錢出錢，有力出力，毫不藏私的奉獻。這便是我想要說的「廣植福田」的作為。

當然，這股「善緣好運」的勢力持續發酵蔓延中，因為他們每年幾乎都還會找我演講上課，讓我有機會認識更多新朋友，使得「人脈」存摺更加豐厚，也讓「業務」契機無所不在。所以我才說，這齣小劇場只有開始，沒有結束啊。

誠懇的建議每一位業務人員，若想要將業績愈做愈好，愈做愈輕鬆，就從「廣結善緣」與「廣植福田」開始吧。

24

當你不再老想著賺錢，關心客戶真正的需求，一切反而水到渠成

Tina告訴我，要勝任理專這份工作，
不單單只是專業條件具足，還要有同理客戶的能力。
懂得溝通，換位思考，才能讓客戶安心成交，達成業務目標。

從臉書上收到來自Tina的一封私訊，內容是這樣的：「家德老師，您好，一個偶然陪孩子上書店的時光，翻閱到您的書，欲罷不能，直接買回家，最近終於有時間將書看完了，受益良多，正向力量滿滿，謝謝您。」這是發生在幾年前的

一個初春早晨。

當時，我禮貌性的向Tina說謝謝，並沒有進一步的互動。過了四個月，因為我在臉書發起一個助人活動，她發私訊告訴我，她想要響應，讓我再度憶起她。俗話說，一回生，二回熟。這次我們就在臉書上稍稍小聊，我才知道，她的工作是銀行的理財專員。

「理財專員」這個職稱與職務，對我而言是再熟悉不過了。我曾經做過理專，後來也進而擔任理專的主管，對於理專的定位與職掌非常清楚。甚至，我在研究所的論文，也以理財專員這個身分為題，論述理專的人格特質對工作績效的影響，進行相關的研究。

我在銀行的職業生涯，是從放款業務開始做起。一九九九年，我在華信銀行（現改名永豐銀行）每月背負三千萬的房貸業績，算是開啟我當業務人員的濫觴。在那青澀懵懂的菜鳥階段，雖說我尚未具備深厚的金融素養，也沒有寬廣的人脈加持，有的就是一顆熱血的心與一股勇往直前的拚勁，卻也讓我闖出業務高手的名號。

之後，基於我的業績名列前茅，公司希望我能轉任理財專員一職。當年，我樂意轉調的原因有兩個。第一，可以學習新事物，讓自己多方涉獵銀行信託業務是好事。第二，其實這才是主因，因為承辦放款業務，必須讓主管閱覽案件，才能決定准駁與否。我心想，為何我辛辛苦苦找來的客戶，必須被上級主管挑三揀四才能撥款？如果換成理財業務，客戶說要申購，便可以下單，我覺得業績的掌控權落在自己手上，才是真業務。換句話說，既然要當一名稱職業務，我不喜歡被其他人為因素干擾，希望能自己與客戶說了算。

在我擔任分行經理將近十年的資歷，財富管理業務是銀行的顯學，也是我的業績重心，更是決定我績效優劣的KPI。但我後來發現，台灣的理財業務，因為一直聚焦在手續費收取的達成率，對於客戶風險的承受度較難兼顧，也就會發生當投資市場由多頭轉向空頭之際，許多客戶的獲益紛紛受損的窘境。

我一直覺得，理財專員是全世界最難從事的業務工作。因為向客戶賣的東西是「錢財」，客戶的期待只有增值，不會貶值。但誰知道明天的股市開盤是要漲，還是要跌呢？縱使服務再好，客戶如果虧錢，信任感還是容易鬆動。反觀，其他業務人員賣的是「商品」，只要誠正信實，做好售後服務，博得客戶信任較為容易。

當我用此價值觀開始看待理專的工作時，我對財富管理業務變得相對保守，也更加謹慎。我不希望客戶虧損，但又在必須兼顧公司手續費收入成長的同時，我會以防禦型的產品為大宗，比如儲蓄險、債券基金等。對於較積極的客群，會盡量找低基期的市場介入，又或以定期定額的方式，採取停利不停損的機制投資。還算慶幸，在我離開銀行之後，我與客戶的關係一直非常良好，或許是我同理客戶的緣故吧。

當時透過臉書的互動訊息，我告訴Tina，若我北上，時間也允許，必定會去她任職的銀行找她話家常。而這一晃眼竟是一年餘，最終我還是履行承諾，在一次會議的空檔，跑到她的分行，和她相見歡。

Tina年紀小我幾歲而已，若論銀行資歷，年資理應與我相去不遠。但，深聊之後才知道，她辭去在外商銀行從事八年多的理專職涯，回家照顧兩個就學的小孩，一直等到小孩上國中之後，才重新回到職場，繼續擔任理專的角色。

因為Tina擔任理專的工作已超過十年，我們聊最多的話題就圍繞在理專的日常。我發覺，Tina談吐的氣質非常優雅，具有一股令人信任的感覺。她告訴我，理專的業績壓力真的很大，要能勝任這份工作，不單單只是專業條件具足，還要有同理客戶的能力。

她提出一個讓我頗為驚豔的想法，就是多年來，成為全職媽媽後，再回來當理專，心態更臻成熟。她說，把對小孩愛的溝通方式，應用在與客戶的互動上，帶來的信任基礎是不一樣的。也就是說，她比以前更有耐心，也願意傾聽。因為充分了解客戶的財富需求，她規劃出來的資產配置，讓客戶買單的機率很高。

她的操作心法和我一樣，不會短進短出，為了追求手續費收入而犧牲客戶。她想要以客戶的家庭資產為出發點，做全盤的財富規劃與傳承。我自覺，在我面前和我談話的，不單單只是一名理專，更有心理諮商師的風範，讓人值得信賴，暢所欲言。

若要我總結Tina從事理專的業務經營之道。我會歸納出以下三點：

一、**笑容滿面**：微笑以對，充滿善意，是擔任一名好業務的基礎。Tina與我聊天的過程，臉上總是掛著笑容，讓人感到親切隨和。

二、**懂得溝通**：溝通是化解歧異的第一步。Tina不用自己多年的專業能力強壓客戶，而是懂得溝通，換位思考。她所賣的產品也一定是自己喜歡的，絕對不會強推自己不喜歡的。

三、**分類客群**：言談中，我清楚發現，Tina的目標客群是以聚焦在家庭財富傳承的客戶為主。她說，理財規劃不僅是一輩子的事，更是兩代、三代的家庭大事。她的客戶黏著度高，也樂於介紹新客戶給她。

以上三點，正是我心目中認為優質理專該具有的條件。想要當理專嗎？學Tina吧。

第五章

企圖心

當業務就是要「成交」，
不然要幹嘛！

25

當業務就是要「成交」，不然要幹嘛！

成交是業務的天職，業務是成交的名字。
如何成交的過程永遠比成交的結果來得美麗動人，
也更令人刻骨銘心。

當業務就是要「成交」，不然要幹嘛！

記住：「成交是業務的天職，業務是成交的名字。」如何成交的過程永遠比成交的結果來得美麗動人，也更令人刻骨銘心。專欄作家鍾子偉，幾年前出版一本職場勵志書《記得你22歲的眼神》，文內闡述他以不到三十歲的年紀當上外商公司總經理的心路歷程，這是可以勉勵許多年輕人的好故事。

多年過去了，書中的文章我已經記憶模糊，但對書名卻無法忘懷。原因有二：其一，書名的「記得」這兩個字，有初衷的味道，讓我久聞不忘；其二，「二十二歲」是大學生畢業的年紀，是一種開始的儀式，也是人生尋夢的開端。近年來，常常有機會到各大學的職涯講座分享，我都會用這本書的書名當開頭，告訴學生們，記得你二十二歲的眼神。不忘初衷，築夢踏實。

我永遠不會忘記，進銀行當業務，成交第一筆業績的初衷，那是一種興奮悸動與感恩思緒融合而成的心情。成交的主角是勝和兄，一位在彰化銀行延平分行值班超過二十年的保全人員。他對我意義重大，因為他是我從事銀行放款時，第一件撥貸的房貸客戶。

讓我娓娓道來這件案子的始末。

當年，剛進銀行成為菜鳥業務的我，莫不為了成交案件而到處陌生拜訪。雖然沒有人脈，我努力發ＤＭ認識路人，練習與人對話的能力。因為擔心專業不足，我認真學習放款知識，了解授信的學問。縱使行銷技巧尚待加強，我每天對著鏡子角色扮演，成為一名懂得用微笑打招呼的業務。

我深信，要當一名稱職的業務，對「人的熱情」與對「事的敏感」一定要比一般上班族還高。而喜歡找人聊天，進而從中發現每個人的性格，便是增進業務能力的方法之一。因為有了大數據做後盾，你會知道何時要開口講話，也才知道何時要閉嘴，好好傾聽就好。

眾所皆知，每家銀行都配有保全人員，負責行舍的安全。他雖然不屬於公司的正式編制，卻是分行非常重要的守門員。因為長時間在分行相處，彼此也會有同事的情誼。

每到中午時分，若輪到值班的保全人員要吃午餐，行內就得有男同事輪流幫忙看守。某一天，換我值班時，恰巧分行的保全人員休假，保全公司派另一位人員陳大哥來協助。因為第一次與陳大哥見面，我便與他聊天建立關係。

我向陳大哥說，我是一名房貸業務，若有客戶需要轉（增）貸，可以找我。陳大哥見我熱情又不怕生，很有誠意的想要拓展業務，遂告訴我，他有一位同事前幾天剛好提起房貸想要轉貸的事情，同時把聯絡電話給我。當然，第一時間我就拿起電話約訪這名客戶。而這位客戶，就是勝和兄。

勝和兄也是一位保全駐衛警，上班時間不方便久聊。他告訴我，若不介意太晚，下班後可以到他家坐坐聊聊。我在電話那頭馬上答應。當天依約，我準時到勝和兄的住家見面。說實話，身為業務員，雖然要有很強的行動力，但會讓我說走就走，還有兩個原因。

第一，房貸業務有擔保品的設定問題。通常銀行不希望客戶住家是路沖或附近有嫌惡設施，這都會影響二手市場的價值，也因此業務人員到府察看是最快速的方法。第二，經由與客戶聊天的過程，從中察看客戶的信用狀況與貸款計畫，這是銀行授信5P中最重要的1P（People），也是寫報告的重點。

初見勝和兄，彼此就有好感。除了陳大哥熱心介紹有加分外，與他閒聊的感覺也非常熱絡，更是加溫不少。我詳實說明轉貸的流程，也充分告知辦理房貸業務應注意的各項要件與費用。或許老天幫忙，也或許勝和兄見我誠懇，他與太太當晚即決定要讓我辦理這樁轉貸業務。

第一次讓客人寫申請書，第一次打授信意見書，第一次將整份授信文件送出，第一次被通知案子核准了，第一次與客戶約對保開戶，第一次嘗到撥款後業績被寫在白板上的滋味，第一次知道有業績是多麼爽快的感覺……這些都是我當業務的第一次。

而這件事至今已有二十年了，我依然深切難忘。

二十年好久，可以讓一位新生兒變成大學生；二十年又好快，彷彿才是昨日，竟已白了頭。有時想想，工作中能遇見這樣有緣的客戶又有幾人，真的難得啊。

時光飛逝，物換星移，我雖然已換了好幾份工作，每每經過勝和兄值班的銀行，我還是會下車找他聊聊。他看見我到訪，也是相當激動，顯露出開心狀，這是一種友誼愈陳愈香的美好滋味。

記住你成交第一筆業績的初衷，那會為你美好業務帶來最終。

投入工作的熱情，
縱使沒有說出來，
別人也都聞得到，
那是身上的香氣。

26

用格局影響結局——逆向思考，征服業績壓力！

是業務，就做出業務的樣子吧！
我擬定成為頂尖業務的三項策略：「業績加倍」、「假日拜訪」、「聽人分享」，再加上關鍵的「逆向思考」。

撇開到總公司受訓的前一個月不算，進銀行上班的第一天，我就是一名放款業務人員，業績目標很清楚：每個月要撥款三千萬。

在當時，覺得非常不幸。不幸的原因很簡單，就是不知道到銀行上班還要背負如此大的業績壓力。到現在，覺得非常幸運。幸運的理由很單純，就是知道「提早」面對業績壓力之後的職涯，竟然是如此的海闊天空。

為何說「提早」呢？因為在二十年前的銀行業，普遍還是吃大鍋飯的心態，行員基本上是共同承擔分行業績，少有個人的業績目標。時至今日，金融行業生態丕變，幾乎每一家銀行的分行行員都要承擔業績目標，上至分行最高主管，下至第一線菜鳥櫃員，無役不與，都有業績的KPI。

既來之，則安之，只好告訴自己先轉念再說。的確，有滿多同期一起下部隊的同事，因為受不了業績壓力纏身，紛紛掛冠求去，轉戰他職。或許我是慶幸的，因為我任職的分行，連我在內，共有四名菜鳥業務都願意撐住（可能也沒更好的地方可去），正是這股「大家都在」的力量，共同挺過懵懵懂懂當業務的黑暗期。

記得第一年的菜鳥業務生涯，我們自封公司的四人幫：三男一女，我、繼寬、國明、佳怡，年紀相當，個性相投，一同電話行銷Call客，一同掃街陌生拜訪，一起加油鼓舞，一起學習成長。那是一段雖艱澀但美好的人生回憶。

「是業務，就做出業務的樣子吧！」我對著鏡子裡的自己說。

我擬定成為頂尖業務的三項策略，分別是「業績加倍」、「假日拜訪」、「聽人分享」。且讓我娓娓道來這三項策略對我業績的影響。

第一、業績加倍

前面提到，我的業務目標是房貸撥款三千萬。以當時台南市區的房屋估價行情，每戶撥貸的金額大抵是三百萬。這代表我要簽下十件案子，才能完成三千萬的目標。坦白說，這不是一件容易的事。

但我逆向思考（或是自我催眠），告訴自己每月要達成六千萬的業績目標，才是百分之百達標。你可能會說，三千萬都很難做到了，遑論加倍的六千萬。是啊！事實如此沒錯。但你聽過「雖不中，亦不遠矣」的道理吧。訂更高的目標，雖然很難達到六千萬，但達到四、五千萬的機會很大。「格局影響結局」或許可以說明這一切。

最後，結算完整的年度業績時，當年我在中南區的百餘名業務排行第一，達成率是百分之一四七（北區不列入競賽，因為房價太高）。我相信這絕對是我自行提高業績目標的傑作。假若我以公司三千萬業績目標為百分之百，結果可想而知，一定更差。

第二、假日拜訪

二十年前的職場環境，還沒有週休二日，更沒有一例一休。直到二〇〇一年左右，才開始有週休二日。我在銀行上班初期，經歷了週六要上半天班、之後週休二日的過程。

這一次，我一樣逆向思考。當同事或同業都在休息，而我若能利用週六的時間工作，多多少少可以提升業績量。也因此，在週五下班前，我會強迫自己週六要排幾個拜訪客戶的行程，不管是新客戶的洽談、或舊客戶的開戶與對保皆可。總之，我比其他業務每月多出四天的上班日，較能立於不敗之地。

假日拜訪的觀念其實是一種「勤勞」的象徵。能力沒有比人家強，活動量就要比人家多。

第三、聽人分享

當了業務之後，我很喜歡上銷售的課程。因為可以從中學習業務高手的心法與技巧，減少自己的摸索時間，少走一點冤枉路。更甚，我開始愛上閱讀業務與銷售的相關書籍。目前在我家書房，若將書本歸類，無庸置疑，關於「銷售」的好書應該占最大宗。我常常向學習業務的朋友形容，若將我多年買的銷售叢書從地上堆疊起來，應該可以排到天花板之高。

舉個例子好了。銷售商品的過程中，我們會聽到業務告訴你，只要每天少喝一杯咖啡，省下這筆錢，就能擁有這項好商品。這樣的說詞，彷彿告訴你，不要喝咖啡就能得到好處。

我在多年前一場銷售研討會，聽到一位業務高手的分享，覺得受用極了。他說：「當你向客戶說少喝一杯咖啡就能擁有好處，假使對方沒有很喜歡喝咖啡還好，可能就會買單。但如果對方非常喜歡喝咖啡，而你卻要剝奪他喝咖啡的機會，他怎麼會跟你買商品呢？」他繼續說，應該改成：「只要每天用喝一杯咖啡的錢，就能擁有這項好商品。」這種換個角度的說法，代表不管客戶喜不喜歡喝咖啡，都會覺得對他有利。如果我沒有去上課，我是聽不到這個絕妙好方法的。

以上三點，是我當業務之初想要邁向頂尖業務的策略。業績加倍是「任重而道遠」的觀念，假日拜訪是「一勤天下無難事」的道理，而聽人分享則是「借力使力不費力」的準則。

業務精神是
熱情的態度
自信的表達
信任的服務

27

頂尖業務必須精通的業務五學：銷售、需求、人性、信任、真誠

業務攸關「銷售」，銷售關係「需求」，需求牽動「人性」，人性考量「信任」，信任來自「真誠」。若是在自己身上能修練這五種元素，不僅是頂尖業務高手，未來也會是傑出的領導人才。

到現在縱使已經是公司的高階主管，我依然覺得我是「業務」。業務看似一種「職務的稱謂」、一種「職級的區別」，但在我看來，業務更是一種「職人的精神」。簡言之，就是一個人在生活當中展現出來的人生態度。

何謂「人生態度」呢？就是你選擇熱情，還是無情；樂觀，還是悲觀；積極，還是消極；開心，還是傷心。想當然爾，每個人都想要前者。我相信，幹了業務之後，你會明白，你不只是當業務，而是做一位充滿熱情、樂觀、積極、開心的職人。

業務最大的挑戰是「業績」，而業績達成率就是衡量一位業務人員績效的關鍵指標。通常達成率愈高，代表績效愈好，反之亦然。而多數人之所以懼怕擔任業務工作的原因，正是因為有業績的壓力。

試想一位朝九晚五的上班族，他若是擔任內勤人員，只要把份內事做好，或許老闆（主管）就會肯定他的工作表現；但若是擔任業務人員，雖然他很努力的打電話、發ＤＭ、拜訪客戶，到月底，如果不幸達成率很低，他除了要承受被客戶拒絕的苦楚外，或許連老闆（主管）都有可能罵他，認為他沒有全力以赴，這是一種啞巴吃黃蓮、有苦說不出的感覺。正因為「達成率」這個變數，讓多數人對業務性質的工作怯步。

業務攸關「銷售」，銷售關係「需求」，需求牽動「人性」，人性考量「信任」，信任來自「真誠」。所以說，要當一名優秀業務必須具備以下五點：練習銷售技巧、懂得需求分析、知悉人性心理、累積信任基礎、成為真誠的人。我將「銷售」、「需求」、「人性」、「信任」、「真誠」統稱為業務五學。換句話說，若是在自己身上能修練這五種元素，不僅是頂尖業務高手，未來也會是傑出的領導人才。

以下針對「業務五學」加以說明。

第一、練習銷售技巧：「銷售」是業務的基礎，也是成交的必要條件。我認為銷售技巧的提升，一開始是模仿為要，再來是精準到位，最後是創新突破。當我還是菜鳥業務時，我喜歡聽資深業務分享經驗，除了可以少走一些冤枉路外，更可以現學現賣，學習他們的看家本領，包括業務開發、溝通應對、口語表達及反對問題處理。這些屬於「技術層次」的知識，若能快速吸收，成為隨手拈來的日常，對銷售就會有極大的幫助。

第二、懂得需求分析：「刺激需要，引發想要」是銷售的極致表現，分析需求時，強調客群的定義與找尋。通常，業務手上會有一籮筐的商品，卻有不知道賣給誰的困擾。這個階段，需要花時間分析產品屬性及目標客群，才有機會「選對池塘釣大魚」。比方說，如果你賣的是高級商用車子，你的潛在客戶就會是企業主或高階主管；如果你賣的是退休理財商品，你就會尋找對未來退休規劃有想法的族群；如果你賣的是保健食品，對健康非常重視或年紀較長的客人就是你的銷售對象。

第三、知悉人性心理：「趨吉避凶」是人性，身為業務人員，你只要告訴客戶，選擇這個買賣結果是有利的、無害的，客戶「買的意願」通常就會很高。要知悉人性，最重要的是學會「同理心」，也就是換位思考的能力。不要質問對方為何不想買，應該先問自己站在客戶立場，是否會有相同的決策模式。一旦能用「理性的訴求」說出購買原因，又能用「感性的心情」解釋購買好處，客戶買單的機會絕對大增。

第四、累積信任基礎：「信任是成交的靈魂」。一位潛在顧客，縱使被你的銷售技巧說服，也認為自己有此商品的需求，更確信買了之後會有好處。但，若沒有信任的加持，這位客戶有可能在你這邊問完，轉頭就去找他熟悉的人購買。我想，這種劇情在社會上屢見不鮮。這或許說明，一旦業務人員有了信任的好口碑，或是被信賴的好風評，就很容易成交，做到業績。而「信任」無法在短時間內建立，它需要受到觀察與驗證才行。

第五、成為真誠的人：「真誠相待，成交有愛」。當一名好業務，如果沒有「愛與關懷」的特質，是很容易陣亡的。真誠的業務，路會愈走愈廣；虛偽的業務，路會一直限縮。真誠是做人的基本條件，真誠猶如真金，不怕火煉，真誠也是信任的基石。有時候，能夠成交不是看價格，而是看價值，而價值的成分裡面，一定包含「真誠」這項原料。

業務五學，你學會了嗎？

人才的不可取代，
不是沒有你不可，
而是你走哪都可，
讓老闆求才若渴。

28

不居功、不開口命令，從一場音樂會看見「帶人帶心」的真本領

領導是一種藝術，也是一門行為科學。
「帶人帶心」四個字說來容易，做起來真的不簡單。

日前，一位很喜歡聽音樂會的好友告訴我，一個享譽全球的交響樂團要來台灣巡迴演出，問我要不要一起去陶冶性情，增添氣質。說實話，我很喜歡聽音樂，但聽音樂會的次數卻寥寥可數，尤其是國際級的演出幾乎沒有。

受到這位朋友盛情邀約，我真的上網訂一張所費不貲的票，提升品味一番。

當時我一進入聽眾爆滿的會場，看見舞台上椅子如麻，果真是大陣仗來著。數著數著，這是一場將近百人樂團的演出，聲勢浩大，想必等一下開演定是不同凡響。

表定時間一到，演出人員魚貫進場，台下聽眾馬上響起如雷掌聲。當所有人各就各位時，最後出場得到最大掌聲的人是樂團總指揮。只見他一站上指揮台，所有樂手幾乎以他馬首是瞻，乖乖聽從他的指示。

可想而知，我眼前這位距離我不到二十公尺、矮矮胖胖的指揮家，將會是今晚音樂會成敗關鍵的靈魂人物。若他指揮得宜，整場音樂會必定高潮迭起，絕無冷場；若他指揮不定，樂手的表現一定大打折扣，乏善可陳。

果不其然，在整場演出中，這位傑出指揮家表現可圈可點，不僅掌控台上每一位樂手的節奏，也將台下聽眾的情緒帶到最嗨狀態，每個人鼓掌聲不斷，甚至紛紛起立叫好，持續好幾分鐘。

我從整場音樂會中，體悟出四點領導人的思維與想法。

一、**領導人要有掌控全場的高度**：樂團的每位成員都坐在椅子上演奏，唯獨指揮站著，用較高的角度與視野指揮若定，方能看見每一位樂手的臨場表現是否在最佳狀態。以領導統御的觀點來看，這是一種「願景領導」的思維。也就是領導者會清楚描繪出想要達成的境地與策略，藉由縝密的計畫與行動，逐步實現目標。我相信，好的領導人不單只是成果導向，也會在過程中檢核進度是否符合預期。

二、**領導人適時給團隊成員鼓勵**：每一首曲目皆有主力樂器輪流擔綱，有時是小提琴獨奏，有時是二胡集體演出，有時是長短號吹奏。當每首曲子演奏完成，群眾在台下熱烈鼓掌時，指揮還會點名幾位剛剛演出特別吃重的樂手起立，再度接受聽眾的歡呼與掌聲。這個舉動，讓我格外感動。一如職場裡的長官，在專案執行順利完成後，若能論功行賞，表達慰問之意，當能收到激勵士氣成效。

三、**領導人要公平關照團隊成員**：我稍懂音樂節拍，但真的不懂指揮功用。非常慚愧的說，就是指揮在台上用他的手與指揮棒盡情交替揮舞，我真的無法洞悉所代表的涵義。只見他時而轉頭看左邊，時而轉頭看右邊，時而伸長脖子眺視前方，彷彿每一位樂手的表現都能被他照顧到。我只看得出來，這位指揮認真的照顧到每一位成員。從組織效能來看，領導人對待部屬的態度，若能一視同仁，把員工當家人看待，則組織士氣必定高漲。

四、領導人會將最終功勞給團員：聽完整場音樂會，內心非常澎湃激昂，充分感受這是一場美的饗宴，不僅是聽覺的享受，也包含視覺的感動。當聽眾全部起立，為這次演出賣力鼓掌叫好時，只見指揮不斷用他的手勢比劃，請大家為每一種樂器的演奏家再次給予熱烈掌聲。我可以感覺這位指揮謙卑有禮的態度，他的肢體動作宣告著團隊成員才是主角，他不敢居功啊。這也是組織行為最難的一環，因為要將鎂光燈聚焦在員工身上，不夠大氣的領導人是很難做到的。

領導是一種藝術，也是一門行為科學。「帶人帶心」四個字說來容易，做起來真的不簡單。音樂會最讓我印象深刻的是，在兩個多小時的演奏裡，指揮與樂手之間完全沒有講話，那是一種心靈契合的演出，若沒有絕佳默契的配合，實在很難做到如此天衣無縫。

領導人的優劣，關乎組織的興衰。一張幾千元的音樂會門票，讓我從中看出領導思維，也是值回票價的投資。

用能力來教導人，
用權力來幫助人，
用活力來激勵人，
善用三力是好人。

29

要有善待部屬的胸襟，領導才能深得人心

領導的本質，是「領」袖和教「導」的綜合體。一位優質的領導者，應該具備身為領袖「為人表率」的管理高度，也要具有「教導部屬」成長茁壯的專業深度。

這篇主題是談「領導」。在談領導之前，先講一個關於我和領帶頗富趣味的故事。領導為何會與領帶有關聯呢？因為我將領帶解釋成「『領』導自己，『帶』來美好」，所以「打好領帶」寓含「做好領導」的意思。

想問男生，你喜歡打領帶嗎？在踏出職場之前，我渴望找到要打領帶的工作。後來我思忖為何會有這個「症狀」出現？我覺得是「科系」造成的。

我大學念企管系，在那四年的學科薰陶下，不論是商管類的書籍雜誌，還是參加產學的研討會或演講，我發現好多企業領導人幾乎都是以西裝革履、襯衫領帶的行頭出現。這讓我想像未來自己上班的樣子，如果要當一位稱職傑出的上班族，一定要穿得很正式得體，尤其領帶更是不可少，因為男人一打上領帶，看起來就特別的帥。

剛出社會，開始要找工作之前，我就到百貨公司買了人生第一條領帶，準備面試時派上用場。

若沒記錯，我第一次接獲面試通知，是台南某家傳產的上市公司，職缺是負責「生管」的儲備幹部。面試我的主管非常和善，和我聊了好久，言談中，我幾乎可以確認他想要錄取我。而我對這份工作內容與薪水也甚為滿意。

但，有趣的事情來了。我在面試的最後，竟問了面試官一個他非常訝異的問題。我問：「若開始上班，需要打領帶嗎？」只見他露出一臉狐疑又好笑的表情對我說：「小老弟，你的工作職掌幾乎都是在工廠的作業現場檢測相關物件，現場是沒有冷氣的，打領帶會熱死啊。」

最終這個面試結果是：「公司錄取我，但因為不能打領帶，我放棄這份工作。」

距離這件記憶猶新的陳年往事已相隔二十多年，現在想起來真的覺得幼稚可笑。如果再回到當時，用現在中年男子的心境揣摩，我應該不會拒絕那份工作。倒不是已經不愛打領帶了，而是自己在乎的點，不該只是著眼於外在的光鮮衣著，而是內在的工作價值。

後來，我拒絕那份傳產的生管職務，應徵到飯店的財務工作，每天都要打領帶上班。之後，再轉職到銀行上班，也要打領帶。在這二十多年的職場資歷，領帶已是我少不了的工作配件。雖然不得不承認，打領帶這件事的新鮮度已經降溫，但對於建立專業的形象，打領帶還是有加分作用的。

領導＝「領」袖＋教「導」

回到前面所說，領導的本質，是「領」袖和教「導」的綜合體。我衷心認為，一位優質的領導者，應該具備身為領袖「為人表率」的管理高度，也要具有「教導部屬」成長茁壯的專業深度，兩者兼備，才稱得上是好領導人。

十多年前，有一個銷售汽車的電視廣告文案，我非常喜歡，台詞是：「一個人的想法只是『主張』，能夠引起多數人的跟隨則是『主義』。」我常常在演講場合中，用這個文案來解釋「領導」二字。我說：「當一位領導人，要有讓部屬跟隨的能力。比如國父孫中山先生，他創立三民主義，讓許多知識分子願意拋頭顱，灑熱血，縱使犧牲生命也在所不惜。如果只是個人意志的『主張』，不能落實到眾人信服的『主義』，革命是不可能成功的。」台下點頭如搗蒜，非常認同。

我再分享一個因為跑步而發現「領導」真諦的好故事。

假日的傍晚時分，我跑在住家的田間小徑，高十公尺以上的電線，有成群結隊的麻雀吱吱叫。只要我跑到接近牠們的地方，這群麻雀就會驚慌飛走，好似深怕我會攻擊牠們。

我發現屢試不爽，一群一群麻雀，因我的行進奔跑而陸續飛走。但是，就在我跑到另一區的阡陌時，神奇的事情發生了。我看見電線上的一隻麻雀之王（因體格特胖、特大故稱之）並沒有因我的接近而逃跑，反而老神在在的停在上頭。這時，在牠身旁的小麻雀，也就篤定的都沒有飛開。

這個畫面讓我體會到關於「領導」的意涵。這隻麻雀之王就是領導人，牠有遠見，雄才大略，可以承受壓力。因為牠的風範與格局，讓牠的部屬願意忠誠跟隨牠，也就都能穩定生存，不用疲於奔命的亂竄。反之，若這隻麻雀之王無法判斷情勢，只想要自我保命而飛走，必定造成鳥獸散的局勢，屆時兵敗如山倒，一發不可收拾。

我很幸運，在我不到三十歲之齡，出社會工作的第五年開始，我就受到貴人提拔，擔任銀行的業務主管一職。當年，我下轄二十位業務人員，負責掌控進度，達成公司賦予的業績目標。

我會這麼快當上主管，主因是我的業務能力受到肯定。經由自己的認真努力，並持續精進銷售技巧，讓業績表現突出，才得以受到長官青睞，年紀輕輕就成為業務主管。所以我常說，要升上主管最快的途徑是當業務。用績效證明自己的能力，比用年資排序來得快很多。

在我擔任菜鳥主管的前幾年，我的領導原則是「多聽少說，換位思考」。當時我年輕，和這群部屬年紀相當，為了讓他們信服我，我花很多時間在溝通與協調上，藉此贏得他們對我的信任。一旦彼此有了信賴基礎，領導之道就能一路暢通。

接著，在成為熟手的主管之後，我的領導原則是「團隊優先，個人次之」。讓同仁知道領導的任務有其先後順序，輕重緩急。我的指揮決策必須以公司的利益為優先考量，再來評估個人的差異，並將最終的成果與榮耀歸於團隊。

最後，在我擔任主管將近二十年的歲月，對於領導的本質，我悟出最關鍵的DNA是：「要有善待部屬的胸襟，領導才能深得民心。」

30

慈悲是最值錢的獎盃

做業務其實就是在做人，而做人也就是在做業務。
只要心地善良，慈悲為懷，肯吃苦，樂學習，
不走偏門，長期耕耘，終究會在業務這條路上收割的。

幾年前的一個上班午後，公司外包負責打掃的阿姨到我的辦公室清潔環境。她擦拭書櫃時，不小心將放在櫃子上方的其中一個獎盃弄倒了，瞬間掉在地上，獎盃上的水晶玻璃因此碎裂。

當獎盃往下墜，還沒撞擊地上發出聲響前，我率先聽到這位阿姨的慘叫聲，隨即聽到玻璃的破裂聲，聲聲入耳。當時，這位年約六十多歲的阿姨和我面面相覷，臉部表情僵硬，露出驚慌失措的樣子。

阿姨回過神來，很惶恐的一直向我說抱歉、抱歉……很怕我生氣。

這座摔壞的獎盃，是我在全年度銀行業務競賽上得到的分組冠軍榮銜。說真話，這個獎項要很努力、經過整年激烈的拚戰才能獲取，真的得來不易。但在那獎盃摔毀的當下，我的心情卻是全然放下。反而回過來安慰阿姨，獎盃乃身外之物，不要緊，沒有關係喔。阿姨看我真的沒有怒氣的表情，才鬆開緊繃的面容，繼續打掃。

人生最值錢的獎盃

我想要聊聊「得獎」這件事。

二十年前，從事銀行的放款工作開啟我的業務生涯。既然是業務，就有業績達成率，有達成率就有排名，有排名就有得獎。這種情況，和學生時代的考試一樣，莫不以爭取榮譽為最終目的。

我在銀行放款業務，曾以菜鳥之姿拿到該年度全省業務冠軍的殊榮。幾年後，升任業務主管，又在隔年旋即獲得全國業務主管第一名獎項。接任銀行分行經理的第一年，也曾經榮獲財富管理業務分行競賽第一名的殊榮。

在業務與業務主管的生涯裡，我得獎無數，獎盃滿倉庫。初期，的確虛榮心作祟，會以「有沒有得名」來證明自己行不行。但，隨著年歲的增長與做業務的心態改變，對有無得獎結果，反而以平常心看待。「得之，我幸；不得，我命」，是我現在的價值觀。而我也相信，具備「慈悲」才是人生最值錢的獎盃。

長期耕耘收割的關鍵

再讓我聊一個大家都想要、卻可能都不滿意的東西，就是「薪水」。

除非你是創業家或老闆，否則你的薪水是公司決定的。在我踏入職場前兩年，因為工作職務是飯店財會，算是內勤，基本上我每個月領到的薪資都是固定的。後來進入銀行，當上業務與主管之後，才知道除了領基本底薪外，我的業績獎金多到嚇人。

在誤打誤撞成為業務的那些年，又在自己非常努力成為頂尖業務與業務主管的歲月裡，我的薪水大幅提高。為何會有這種好康呢？答案是做業務所致。

業務是一個很容易量化的職務。業務幫公司賺多少錢，老闆再從業務幫公司賺到的錢，用一定的比率分享給業務。所以說，擔任業務工作，如果業績很好，一定會比做內勤領到更多月薪。也因為績效卓著，業務的考績較容易拿到「優」的評核，當然每年加薪是很正常的。這也是很多內勤的上班族，在薪水不漲、萬物皆漲的年代，想要轉職當業務的原因。

可是如同我前面的文章所言，若從事業務工作，沒有一個穩若泰山的核心價值支撐或堅毅無比的執行「愛與關懷」的信念，當不斷遭到拒絕，不斷遇到挫折，便很快就退縮回來，說：「不幹了。」這種一時興起，當業務曇花一現的案例，在職場上其實是屢見不鮮的。

可能會有人問，我的個性的確不適合做業務，但又想要加薪，該怎麼辦？我提出兩個方法，那就是「投資學習」與「人際關係」。透過專業的學習，成為老闆不可或缺的要角；藉由廣結善緣的好關係，成就更好的自己。這些都是創造高薪的方法。上述說來簡單，執行起來才是真正恆毅力的表現。

做業務＝做人，做人＝做業務

整本書，執筆至此，我想要傳遞一個原則，來呼應「觀念一轉彎，業績翻兩番」這個書名。隨著年紀愈長，歷練愈深，見識愈廣，我深切體認這個道理：**「做業務其實就是在做人，而做人也就是在做業務。」**只要心地善良，慈悲為懷，肯吃苦，樂學習，不走偏門，長期耕耘，終究會在業務這條路上收割的。

如果上述都努力過了，卻沒有好成果，只能說是時不我予，千萬別因此灰心喪志，懷疑人生。我很常分享這句話：「人在漲潮時，永保謙卑；人在退潮時，準備起飛。」一起加油吧，我的朋友。

心寬，則視野大；
心窄，則世界小。
關鍵，在於心境；
心境，源自於愛。

Big 0306

觀念一轉彎，業績翻兩番！

作　者—吳家德
主　編—沈維君
編　輯—林慧雯
責任企劃—金多誠、潘彥捷
封面暨內頁設計—文皇工作室
封面照片提供—吳家德
內頁排版—立全電腦印前排版有限公司

總編輯—曾文娟
董事長—趙政岷
出版者—時報文化出版企業股份有限公司
一〇八〇一九 台北市和平西路三段二四〇號七樓
發行專線—（〇二）二三〇六六八四二
讀者服務專線—〇八〇〇二三一七〇五
（〇二）二三〇四七一〇三
讀者服務傳真—（〇二）二三〇四六八五八
郵撥—一九三四四七二四時報文化出版公司
信箱—一〇八九九臺北華江橋郵局第九九信箱

時報悅讀網—http://www.readingtimes.com.tw
電子郵件信箱—ctliving@readingtimes.com.tw
時報出版臉書—https://www.facebook.com/readingtimes.fans
法律顧問—理律法律事務所　陳長文律師、李念祖律師
印　刷—勁達印刷有限公司
初版一刷—二〇一九年二月二十二日
初版八刷—二〇二二年八月十八日
定　價—新台幣三二〇元
（缺頁或破損的書，請寄回更換）

時報文化出版公司成立於一九七五年，
一九九九年股票上櫃公開發行，二〇〇八年脫離中時集團非屬旺中，
以「尊重智慧與創意的文化事業」為信念。

觀念一轉彎，業績翻兩番！/ 吳家德作. -- 初版. -- 臺北市：時報文化，2019.02
面；　公分. -- (Big；306)
ISBN 978-957-13-7709-4(平裝)

1.職場成功法 2.自我實現

494.35　　108000852

Printed in Taiwan